愛《あい》された団地犬《だんちけん》ダン

目《め》の見《み》えない犬《いぬ》、小学校《しょうがっこう》の石像《せきぞう》になる

関《せき》朝之《ともゆき》／作《さく》
平林《ひらばやし》いずみ／画《が》

ハート出版

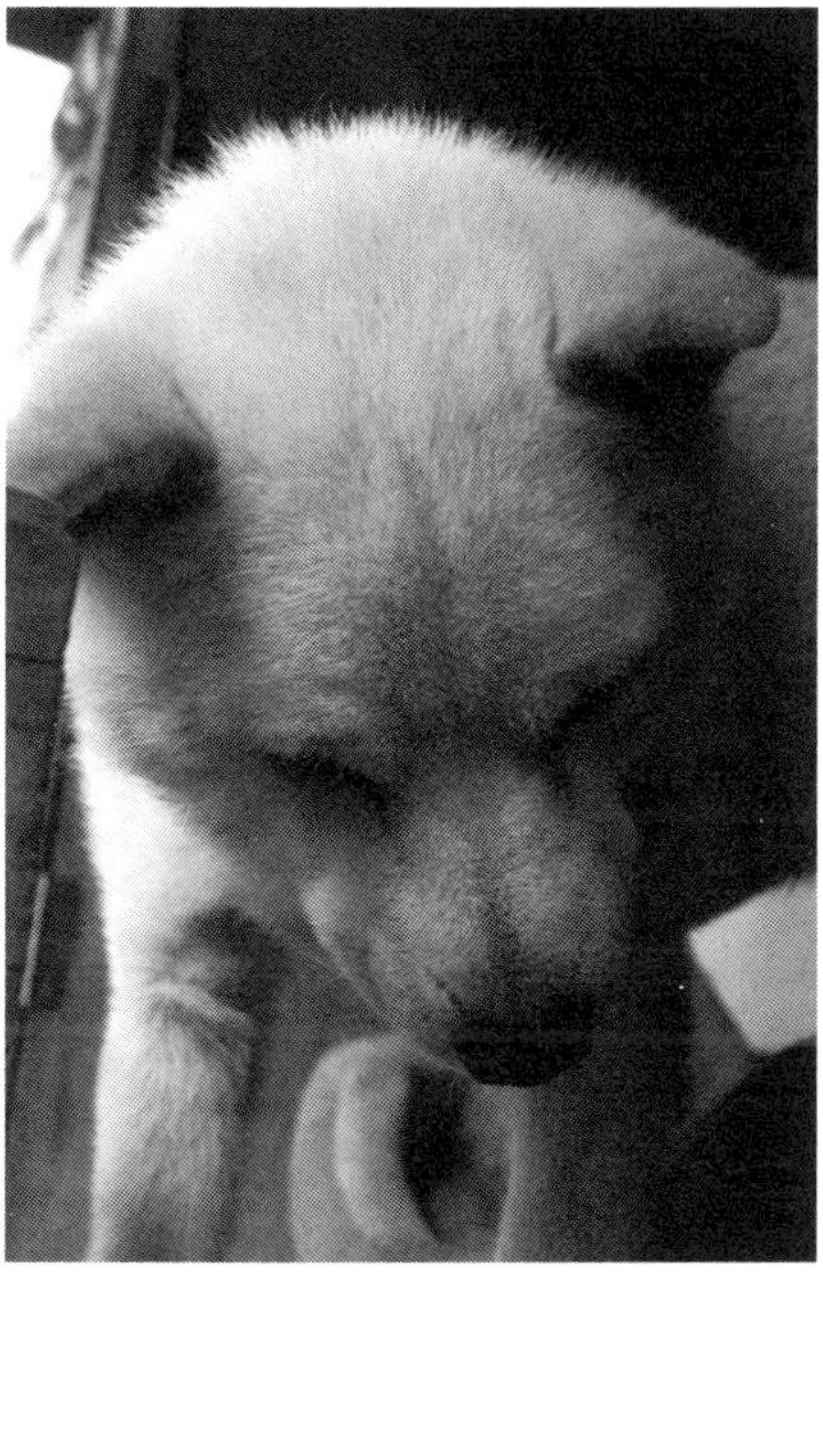

はじめに

平成十七年十一月四日《へいせいじゅうななねんじゅういちがつよっか》、愛媛県松山市立潮見小学校《えひめけんまつやましりつしおみしょうがっこう》で、「目《め》の見《み》えない犬《いぬ》」の物語《ものがたり》を永遠《えいえん》に語《かた》り継《つ》ぐためのモニュメントの除幕式《じょまくしき》が行《おこな》われました。

〈モニュメントになるなんて、どんな立派《りっぱ》な犬《いぬ》なのだろう……〉――この犬《いぬ》のことを知《し》らない人《ひと》は、そう思《おも》うかもしれません。けれども、この犬《いぬ》は、人《ひと》を助《たす》けるために大活躍《だいかつやく》した犬《いぬ》でもなければ、ビックリするような大冒険《だいぼうけん》をした犬《いぬ》でもありません。それどころか、人《ひと》に救《すく》われ、二十畳《にじゅうじょう》ほどのスペースから外《そと》に出《で》たことのない犬《いぬ》です。一般的《いっぱんてき》に、そのような犬《いぬ》がモニュメントになることは、まず考《かんが》えられません。

それでも、この日《ひ》の除幕式《じょまくしき》にはたくさんの大人《おとな》たちがかけつけ、多《おお》くの子《こ》どもといっしょに、石像《せきぞう》でできた犬《いぬ》の姿《すがた》を笑顔《えがお》で見《み》つめていました。

〈でも、なんで、その犬《いぬ》はモニュメントになったの？〉――この「犬《いぬ》の物語《ものがたり》」を聞《き》いたことのない人《ひと》は、そんな疑問《ぎもん》を持《も》つことでしょう。

〈えっ、あのダンがモニュメントになったんだ……〉――この「犬《いぬ》の物語《ものがたり》」を知《し》っている人《ひと》は、そんなふうに驚《おどろ》いているかもしれません。

そう、石像《せきぞう》になった犬《いぬ》の名前《なまえ》はダンといって、団地《だんち》の敷地《しきち》のなかで飼《か》われている目《め》の見《み》えないオス犬《いぬ》です。

それにしても、なぜ「人《ひと》に助《たす》けられただけの犬《いぬ》」が、多《おお》くの人《ひと》たちに喜《よろこ》ばれながらモニュメントになったのでしょうか？　逆《ぎゃく》に言《い》えば、なぜ多《おお》くの人《ひと》たちは、「人《ひと》に助《たす》けられただけの犬《いぬ》」を石像《せきぞう》にしようと思《おも》ったのでしょうか？

そんなことを心《こころ》のすみに置《お》きながら、この『愛《あい》された団地犬《だんちけん》ダン』を読《よ》んでもらえたら、うれしく思《おも》います。

この本《ほん》に描《えが》かれているのは、「立派《りっぱ》な犬《いぬ》」がくりひろげた物語《ものがたり》ではなく、「一匹《いっぴき》の捨《す》て犬《いぬ》」と周囲《しゅうい》の人々《ひとびと》がおりなした物語《ものがたり》です。

愛《あい》された団地犬《だんちけん》ダン◆目次《もくじ》

イベントの日《ひ》の朝《あさ》

平成十七年十一月四日《へいせいじゅうななねんじゅういちがつよっか》――。

愛媛県松山市《えひめけんまつやまし》の上空《じょうくう》は、昨日《きのう》までのくもり空《ぞら》がうそのように晴《は》れわたっています。

松山市《まつやまし》は愛媛県《えひめけん》のほぼ真《ま》ん中《なか》にある城下町《じょうかまち》として、古《ふる》くから栄《さか》えてきました。この歴史《れきし》ある町《まち》の中《なか》に吉藤《よしふじ》という地区《ちく》があって、市営団地《しえいだんち》が建《た》っています。その団地《だんち》は「吉藤団地《よしふじだんち》」といって、この物語《ものがたり》の舞台《ぶたい》になる場所《ばしょ》です。

その朝《あさ》、吉藤団地《よしふじだんち》の階段《かいだん》を、ひとりのおじいさんがゆっくりと降《お》りてきました。

おじいさんは、晴《は》れた空《そら》を見上《みあ》げて、ぽつりとつぶやきました。

「いい天気《てんき》じゃわい」

おじいさんは、腰《こし》をかがめながら、団地《だんち》の敷地《しきち》の中《なか》を歩《ある》きはじめました。そして、敷地《しきち》の一角《いっかく》で立《た》ち止《ど》まりました。

おじいさんの視線《しせん》の先《さき》には、柵《さく》で囲《かこ》まれた二十畳《にじゅうじょう》ほどの空間《くうかん》があります。

おじいさんは、柵《さく》の中《なか》へとつづくとびらを開《あ》けて、一歩《いっぽ》ずつ中《なか》へと入《はい》っていきました。すると、一匹《いっぴき》の歳《とし》をとった犬《いぬ》が座《すわ》っていました。

おじいさんは、このオス犬《いぬ》が団地《だんち》にやってきてから、ずっと世話《せわ》をしつづけています。

歳《とし》をとってしまった犬《いぬ》は、いつの間《ま》にか、呼《よ》ばなければ犬小屋《いぬごや》から出《で》てこなくなっていました。それが、この日《ひ》に限《かぎ》っては、小屋《こや》の外《そと》でおじいさんを待《ま》っているかのようでした。

おじいさんは、犬小屋《いぬごや》のそばに置《お》いてあったイスに腰《こし》かけました。

この犬《いぬ》は、おじいさんのにおいを感《かん》じ取《と》ったのか、足元《あしもと》に近《ちか》づいてきました。

おじいさんは、犬《いぬ》に向《む》かって話《はな》しかけました。

「ダンよ。うれしいことじゃのぉ。いよいよ、待《ま》ちに待《ま》ったこの日《ひ》がきたわい。そうか、そうか、おまえの気持《きも》ちはわかったよ。みなさんに『ありがとう』と伝《つた》えてほしいのじゃな」

いつの日《ひ》にも増《ま》して弾《はず》んでいるおじいさんの声《こえ》を聞《き》きながら、犬《いぬ》は左後《ひだりうし》ろ足《あし》をコンパスの針《はり》のようにして、くるくると左回《ひだりまわ》りをはじめました。

「ダン、おまえもうれしいのか？　おまえがうれしいことはワシもうれしいことなんじゃぞ」

「ダン」と呼《よ》ばれた老犬《ろうけん》は、おじいさんの言葉《ことば》にこたえるかのように、より勢《いきお》いをつけて、回《まわ》りつづけています。

「じゃあ、ダン。そろそろ学校《がっこう》に行《い》ってくるよ。おまえのみなさんに対《たい》する感謝《かんしゃ》の気持《きも》ちは、ワシがいっしょに持《も》っていってやるからな」

おじいさんは、犬《いぬ》への話《はなし》を終《お》えると、柵《さく》の外《そと》へと出《で》ていきました。

柵《さく》の中《なか》にいるこの犬《いぬ》は、目《め》が見《み》えないからか、まっすぐに歩《ある》くことができません。その昔《むかし》、散歩《さんぽ》をさせようと柵《さく》の中《なか》から連《つ》れ出《だ》したことがありました。けれども、外《そと》に出《で》ることをとても怖《こわ》がり、その場《ば》に座《すわ》りこんでしまうことをくりかえしました。外《そと》に行《い》きたがらない犬《いぬ》をむりやり連《つ》れ出《だ》すのはかわいそうなことです。おじいさんは、犬《いぬ》を外《そと》へ連《つ》れ出《だ》すことをあきらめました。そして、自分《じぶん》のにおいがしみついた柵《さく》の中《なか》だけが、この犬《いぬ》の〝世界《せかい》〟になったのです。

おじいさんは、この日《ひ》のイベントに犬《いぬ》を連《つ》れていってやりたい気持《きも》ちをぐっとこらえ、団地《だんち》の前《まえ》の大通《おおどお》りまで歩《ある》いていきました。そして、やってきたタクシーに手《て》をあげました。行《い》き先《さき》は、潮見《しおみ》という地区《ちく》にある小学校《しょうがっこう》です。

この潮見《しおみ》という土地《とち》は、いよかんの新《あたら》しい品種《ひんしゅ》が誕生《たんじょう》したところで、昔《むかし》は田《た》んぼや畑《はたけ》が広《ひろ》がっていました。しかし、昭和四十年代《しょうわよんじゅうねんだい》からは、住宅地《じゅうたくち》が広《ひろ》がり、よそからやってきた人《ひと》も増《ふ》えてきました。それでも地域《ちいき》の人《ひと》たちのきずなの強《つよ》さは変《か》わらず、温《あたた》かい雰囲気《ふんいき》を持《も》った土地《とち》でありつづけました。

その地域《ちいき》のシンボルでもある潮見小学校《しおみしょうがっこう》は、この年《とし》で創立百三十周年《そうりつひゃくさんじゅっしゅうねん》を迎《むか》えた伝統《でんとう》ある学校《がっこう》です。

ほんの数年前《すうねんまえ》まで、おじいさんは、この潮見小学校《しおみしょうがっこう》へと、散歩《さんぽ》がてらによくでかけたものでした。けれども、ここ何年《なんねん》か、腰《こし》やひざの調子《ちょうし》を悪《わる》くしてしまい、団地《だんち》から小学校《しょうがっこう》まで歩《ある》くことが一苦労《ひとくろう》になってしまったのです。

おじいさんが乗《の》りこんだタクシーは、アッという間《ま》に潮見小学校《しおみしょうがっこう》に着《つ》きました。

タクシーを降《お》りたおじいさんが校門《こうもん》の前《まえ》を歩《ある》いていると、児童《じどう》たちがにこにこしながら声《こえ》をかけてきました。

「坂本《さかもと》のじっちゃん、おはようございます」

あいさつをしてくる子《こ》どもたちは、誰《だれ》もがわくわくしているのがわかります。この日《ひ》、小学校《しょうがっこう》では、とても楽《たの》しみなことが待《ま》っているのでしょう。

おじいさんが、校門《こうもん》の中《なか》に足《あし》を踏《ふ》み入《い》れると、白《しろ》い布《ぬの》に包《つつ》まれたモニュメントが見《み》えてきました。

おじいさんは、その光景《こうけい》を見《み》つめたまま、ぼんやりとたたずんでいました。


おじいさんが潮見小学校《しおみしょうがっこう》に着《つ》いたころ、校舎《こうしゃ》の中《なか》にあるお客《きゃく》さんの控《ひか》え室《しつ》では、教頭先生《きょうとうせんせい》が取材《しゅざい》に来《き》たテレビ局《きょく》や新聞社《しんぶんしゃ》の記者《きしゃ》たちに、この日《ひ》のイベントである「モニュメント除幕式《じょまくしき》」の説明《せつめい》をしていました。

その説明《せつめい》が一通《ひととお》り終《お》わると、モニュメントになった一匹《いっぴき》の犬《いぬ》のことに話題《わだい》が切《き》り変《か》わりました。

モニュメントになった「犬《いぬ》の物語《ものがたり》」を知《し》らない記者《きしゃ》は、どんな物語《ものがたり》なのだろうかと、教頭先生《きょうとうせんせい》にたずねました。

その物語《ものがたり》の始《はじ》まりは、このイベントの日《ひ》から十二年前《じゅうにねんまえ》にさかのぼります。

＊　＊

ある日《ひ》の午後《ごご》、吉藤団地《よしふじだんち》に住《す》んでいた石井希《いしいのぞみ》ちゃんと久保田望《くぼたのぞみ》ちゃんというふたりの女《おんな》の子《こ》が、幼稚園《ようちえん》からの帰《かえ》り道《みち》で小《ちい》さな命《いのち》に出会《であ》いました。

ふたりが団地《だんち》の裏《うら》に流《なが》れる小川《おがわ》のそばを歩《ある》いていると、ダンボール箱《ばこ》が流《なが》れてきました。

「なにかが流《なが》れているよ」

「ほんとうだ、箱《はこ》だ」

しかも、箱《はこ》の中《なか》では、なにかが動《うご》いていました。

ふたりは、その箱《はこ》を引《ひ》き上《あ》げてみました。そして、そっと箱《はこ》のふたを開《あ》けると、一匹《いっぴき》の白《しろ》い子犬《こいぬ》が全身《ぜんしん》を丸《まる》めて、ぶるぶると震《ふる》えていました。

「捨《す》て犬《いぬ》だ‼」

ふたりは、いっせいに声《こえ》をあげました。

子犬《こいぬ》は不安《ふあん》そうな表情《ひょうじょう》を見《み》せています。けれども、幼稚園児《ようちえんじ》のふたりには、突然《とつぜん》に現《あらわ》れた捨《す》て犬《いぬ》をどうすることもできません。そこで、ダンボール箱《ばこ》に入《い》れたまま、団地《だんち》まで連《つ》れて帰《かえ》りました。

団地《だんち》は犬《いぬ》や猫《ねこ》などのペットを飼《か》うことが禁止《きんし》されています。大人《おとな》に捨《す》て犬《いぬ》を見《み》せても、「もとの場所《ばしょ》に戻《もど》してきなさい」としかられるだけでした。

ふたりは、団地《だんち》の子《こ》どもたちと協力《きょうりょく》して、団地《だんち》の自転車置《じてんしゃお》き場《ば》で子犬《こいぬ》を飼《か》ってみることにしました。子《こ》どもたちは、家《いえ》からこっそりと食《た》べ物《もの》を持《も》ち出《だ》したり、残《のこ》した給食《きゅうしょく》を持《も》ち帰《かえ》ったりして、子犬《こいぬ》に与《あた》えはじめたのです。

けれども、子《こ》どもたちが幼稚園《ようちえん》や小学校《しょうがっこう》に行《い》っている間《あいだ》、子犬《こいぬ》はダンボール箱《ばこ》をよじのぼり、自動車《じどうしゃ》が通《とお》る道路《どうろ》へ歩《ある》いていってしまいました。

このままでは危《あぶ》ないと思《おも》った子《こ》どもたちは、持《も》ちよってきたヒモを子犬《こいぬ》の体《からだ》に結《むす》び、大通《おおどお》りに歩《ある》いていかないようにしました。

これで大丈夫《だいじょうぶ》と思《おも》ったのもつかの間《ま》、次《つぎ》の日《ひ》、子《こ》どもたちが下校《げこう》してくると、子《こ》犬《いぬ》は体中《からだじゅう》にヒモを巻《ま》きつけ、身動《みうご》きが取《と》れなくなっていました。

このようなことがつづき、子《こ》どもたちは、子犬《こいぬ》の目《め》が見《み》えないことに気《き》がつきました。これでは自分《じぶん》たちだけの力《ちから》で、子犬《こいぬ》の面倒《めんどう》をみることはできません。

ふたりのノゾミちゃんは、「坂本《さかもと》のじっちゃん」と呼《よ》ばれているおじいさんのもとへと相談《そうだん》に行《い》きました。じっちゃんならなんとかしてくれると思《おも》ったのです。この人《ひと》は坂本義一《さかもとよしかず》さんといって、団地《だんち》の自治会長《じちかいちょう》（※）でもありました。

「じっちゃん。この犬《いぬ》を団地《だんち》で飼《か》ってほしいんだ」

ダンボール箱《ばこ》から出《で》た子犬《こいぬ》は、コマのようにくるくると回《まわ》っているだけでした。

そんな子犬《こいぬ》のしぐさをじっと見《み》ていた坂本《さかもと》のじっちゃんは、すぐに気《き》がつきました。

――この犬《いぬ》は目《め》が見《み》えないのじゃなかろうか……。

団地《だんち》で子犬《こいぬ》を飼《か》うことは、自治会長《じちかいちょう》という立場《たちば》からも許可《きょか》できません。けれども、このまま目《め》の見《み》えない子犬《こいぬ》を捨《す》ててしまえば、死《し》んでしまうはずです。

じっちゃんは、しばらく考《かんが》えこんでしまいました。

そんなじっちゃんに向《む》けて、ふたりのノゾミちゃんは言《い》いました。

「ねぇ、じっちゃん。目《め》の見《み》えない犬《いぬ》だからといって、保健所《ほけんじょ》に電話《でんわ》して殺《ころ》してしまうの？　私《わたし》たちが面倒《めんどう》をみるから、この子犬《こいぬ》を団地《だんち》にいさせてやってよ」

「そうだよ、じっちゃん。目《め》の見《み》えない犬《いぬ》を助《たす》けずに捨《す》ててしまうの？　そんなのおかしいよ」

じっちゃんは、ふたりの言葉《ことば》にハッとさせられました。しかし、ペット禁止《きんし》は団地《だんち》のルールです。

――う～～ん。弱《よわ》ってしまったのぉ……。

答《こた》えに困《こま》ったじっちゃんは、ふたりに言《い》いました。

※自治会長＝地域の住人の「共通の利益」や「生活の向上」のために取り組む組織のリーダー

「ワシの宿題《しゅくだい》にしておいてくれ」

次《つぎ》の日《ひ》、じっちゃんは、潮見小学校《しおみしょうがっこう》の校長室《こうちょうしつ》を訪《たず》ねました。親《した》しくしていた校長《こうちょう》先生《せんせい》に「目《め》の見《み》えない子犬《こいぬ》」の相談《そうだん》をするためです。

校長先生《こうちょうせんせい》は考《かんが》えぬいたあげく、じっちゃんにこう答《こた》えてくれました。

「ペット禁止《きんし》は団地《だんち》のルール。守《まも》ってこそ、団地《だんち》の共同生活《きょうどうせいかつ》が保《たも》たれることは子《こ》どもたちもわかっているはずです。かといって、ルールにしばられて、捨《す》て犬《いぬ》を見殺《みごろ》しにすることはできません。飼《か》うのではなく、一時的《いちじてき》に坂本《さかもと》さんが預《あず》かるという形《かたち》で面倒《めんどう》をみるのがいちばんだと思《おも》いますよ」

団地《だんち》に戻《もど》ったじっちゃんは、住人《じゅうにん》の部屋《へや》一軒《いっけん》ずつに頭《あたま》をさげて歩《ある》きました。

「この子犬《こいぬ》は目《め》が見《み》えません。目《め》が見《み》えれば歩《ある》き回《まわ》って食《た》べ物《もの》を見《み》つけたり、誰《だれ》かに保護《ほご》されたりすることもあるでしょう。けれども、この子犬《こいぬ》は捨《す》てられたら死《し》んでしまいます。子《こ》どもたちとワシとで、責任《せきにん》をもって育《そだ》てます。どうか、団地《だんち》のすみにいさせてやってください」

ふたりのノゾミちゃんも必死《ひっし》です。

「お願《ねが》いです」

「お願《ねが》いします」

子《こ》どもたちが団地内《だんちない》で捨《す》て犬《いぬ》の面倒《めんどう》をみていることをこころよく思《おも》っていなかった大人《おとな》たちは、大反対《だいはんたい》でした。

数日後《すうじつご》、じっちゃんは団地《だんち》の大人《おとな》たちを家《いえ》に呼《よ》んで集会《しゅうかい》を開《ひら》くことにしました。

その集会《しゅうかい》で、じっちゃんは団地《だんち》の大人《おとな》たちにお願《ねが》いしました。

「この子犬《こいぬ》は目《め》が見《み》えんのじゃ。誰《だれ》かが育《そだ》てなければ死《し》んでしまうんじゃ」

ふたりのノゾミちゃんも、涙声《なみだごえ》で訴《うった》えかけました。

「お願《ねが》いします。子犬《こいぬ》を団地《だんち》にいさせてあげてください」

「この子犬《こいぬ》は目《め》が見《み》えません。もとの捨《す》て場所《ばしょ》に戻《もど》したら、生《い》きていけません」

じっちゃんがつづけて言《い》いました。

「ワシが責任《せきにん》を持《も》って育《そだ》てますから、なんとかお願《ねが》いします」

いつも住人《じゅうにん》のために一生懸命《いっしょうけんめい》になってくれている自治会長《じちかいちょう》が頭《あたま》をさげて頼《たの》むので、大人《おとな》たちはどうしてよいか迷《まよ》いはじめていました。しかし、団地《だんち》にはルールがあります。

「坂本《さかもと》さん。かわいそうだからといって、団地《だんち》のルールを破《やぶ》ってもいいのですか？」

「目《め》の見《み》えない犬《いぬ》を、ほんとうにお世話《せわ》できるのですか？」

じっちゃんは、深々《ふかぶか》と頭《あたま》をさげながら言《い》いました。

「みなさんに、ご迷惑《めいわく》はかけません。このとおりじゃ」

それでも、大人《おとな》たちは団地《だんち》のルールを変《か》えてしまうことに賛成《さんせい》しません。

そのときでした。

石井希《いしいのぞみ》ちゃんが大《おお》きな声《こえ》で言《い》いました。

「どうして子犬《こいぬ》を助《たす》けちゃいけないの？　目《め》の見《み》えない犬《いぬ》を救《すく》うことが、そんなに悪《わる》いことなの！」

久保田望《くぼたのぞみ》ちゃんは、小《ちい》さな声《こえ》で言《い》いました。

「盲導犬《もうどうけん》は目《め》の見《み》えない人間《にんげん》を助《たす》けてなかよくしていくのに、どうして人間《にんげん》は目《め》の見《み》えない犬《いぬ》を助《たす》けられずに捨《す》ててしまうの？」

大人《おとな》たちのなかにいた、ひとりの女《おんな》の人《ひと》が言《い》いました。

「今の言葉、聞《き》こえないよ。もう一回《いっかい》、言《い》ってみてよ」

ふたりのノゾミちゃんは、大《おお》きな声《こえ》を合《あ》わせて言《い》いました。

「盲導犬《もうどうけん》は目《め》の見《み》えない人間《にんげん》を助《たす》けるのに、どうして人間《にんげん》は目《め》の見《み》えない犬《いぬ》を助《たす》けられないの？」

その言葉《ことば》を聞《き》いた大人《おとな》たちは、だまってしまいました。

シーンと静《しず》まり返《かえ》った部屋《へや》の中《なか》で、子犬《こいぬ》がくるくる回《まわ》りながら歩《ある》いては、壁《かべ》にぶつかって転《ころ》んでいました。

ふたりのノゾミちゃんは、必死《ひっし》に起《お》き上《あ》がろうとしている子犬《こいぬ》に話《はな》しかけました。

「ごめんね、団地《だんち》にいさせてあげることができなくて……」

「いよいよ、お別《わか》れだね」

ふたりは、子犬《こいぬ》をダンボール箱《ばこ》の中《なか》に入《い》れながら、じっちゃんに言《い》いました。

「子犬《こいぬ》をもとの場所《ばしょ》に戻《もど》してくるよ」

「じっちゃん、いろいろとありがとう」

ふたりは箱《はこ》を持《も》って立《た》ち上《あ》がりました。

そのとき、ひとりの女《おんな》の人《ひと》が、イスから立《た》ち上《あ》がりました。

「待《ま》って！　子犬《こいぬ》を捨《す》てちゃダメ！」

その言葉《ことば》につづき、男《おとこ》の人《ひと》も立《た》ち上《あ》がりました。

「団地《だんち》で子犬《こいぬ》を飼《か》おうよ。ルールを破《やぶ》るのではなく、ルールを超《こ》えていくんだ！」

その場《ば》にいた大人《おとな》たちは、みんな拍手《はくしゅ》をしていました。

こうして、松山市《まつやまし》の許可《きょか》を得《え》たうえで、敷地《しきち》のすみで、子犬《こいぬ》の面倒《めんどう》をみることが決《き》まりました。子《こ》どもたちの一途《いちず》な想《おも》いが、ルールを超《こ》えて大人《おとな》たちを動《うご》かしたのです。

子犬《こいぬ》には、団地《だんち》にいるので「ダン」という名前《なまえ》がつけられました。

そして、ふたりのノゾミちゃんが小学二年生《しょうがくにねんせい》になったときでした。愛媛県内《えひめけんない》の紙《かみ》芝居《しばい》コンクールで、久保田望《くぼたのぞみ》ちゃんが文《ぶん》を書《か》き、石井希《いしいのぞみ》ちゃんが絵《え》を描《か》いた作品《さくひん》が最優秀賞《さいゆうしゅうしょう》に選《えら》ばれたのです。

すると、ダン・ふたりのノゾミちゃん・じっちゃんによる物語《ものがたり》は、新聞《しんぶん》や雑誌《ざっし》、テレビで紹介《しょうかい》されて、多《おお》くの人々《ひとびと》に知《し》れわたっていきました。

それからしばらくして、じっちゃんは、ダンの正式《せいしき》な飼《か》い主《ぬし》になり、吉藤団地《よしふじだんち》でいっしょにくらすことになりました。

その後《ご》、「ダンの物語《ものがたり》」は本《ほん》になったり、映画《えいが》のモデルになったりしました。さらに、この物語《ものがたり》は日本国内《にほんこくない》にとどまらず、海《うみ》を越《こ》えて、おとなりの国《くに》・韓国《かんこく》でも翻訳《ほんやく》されて本《ほん》になり、語《かた》り継《つ》がれるようになっていったのです。

＊　＊

そんなダンのモニュメントとして作《つく》られた石像《せきぞう》が、この日《ひ》、潮見小学校《しおみしょうがっこう》で行《おこな》われる除幕式《じょまくしき》で、おひろめされることになっていました。

校門《こうもん》の前《まえ》にたたずんでいるおじいさんの頭《あたま》の中《なか》に、目《め》の見《み》えない犬《いぬ》がやってきてから、この日《ひ》までのいろいろな出来事《できごと》が、浮《う》かんできました。

人々《ひとびと》に広《ひろ》がる「ダンの物語《ものがたり》」

平成十五年五月《へいせいじゅうごねんごがつ》、ダンの「モニュメント除幕式《じょまくしき》」が行《おこな》われる二年半《にねんはん》ほど前《まえ》のことです。

その日《ひ》の朝《あさ》、坂本《さかもと》のじっちゃんは、両手《りょうて》にゴミ袋《ぶくろ》を抱《かか》えて、団地《だんち》の階段《かいだん》を降《お》りていました。慣《な》れ親《した》しんだ階段《かいだん》です。じっちゃんは、いつものようにひょいひょいと降《お》りていきました。しかし、この日《ひ》は勢《いきお》いあまって、階段《かいだん》を踏《ふ》み外《はず》してしまいました。

——しまった！

そう思《おも》ったときはすでに遅《おそ》く、じっちゃんはゴミ袋《ぶくろ》とともに階段《かいだん》の下《した》に落《お》ちてしまいました。そのため、以前《いぜん》から具合《ぐあい》が悪《わる》かったひざと右手《みぎて》に加《くわ》えて、この日《ひ》、腰《こし》とすねにもケガをしてしまったのです。

救急車《きゅうきゅうしゃ》で病院《びょういん》に運《はこ》ばれたじっちゃんは、お医者《いしゃ》さんから応急手当《おうきゅうてあて》を受《う》けただけで、午前中《ごぜんちゅう》に団地《だんち》へと戻《もど》ってきました。

入院《にゅういん》することなく、これだけ急《いそ》いで団地《だんち》に戻《もど》ってきたのは、午後《ごご》からダンのフィラリア（※）予防《よぼう》のための血液検査《けつえきけんさ》が待《ま》っていたためです。

正式《せいしき》な飼《か》い犬《いぬ》としてダンを保健所《ほけんじょ》に登録《とうろく》したじっちゃんは、狂犬病予防注射《きょうけんびょうよぼうちゅうしゃ》の接種《せっしゅ》や病気予防《びょうきよぼう》の検査《けんさ》、具合《ぐあい》が悪《わる》いときの診察《しんさつ》を欠《か》かさずに受《う》けていました。

この日《ひ》は、子犬《こいぬ》のころからダンの予防接種《よぼうせっしゅ》や診察《しんさつ》をしてくれている「坊《ぼ》っちゃん動物病院《どうぶつびょういん》」の院長《いんちょう》・吉沢直樹先生《よしざわなおきせんせい》が、吉藤団地《よしふじだんち》に往診《おうしん》にきてくれる予定《よてい》になっていました。普段《ふだん》は往診《おうしん》をしていない吉沢先生《よしざわせんせい》ですが、外《そと》に連《つ》れ出《だ》せないダンのため、特別《とくべつ》に団地《だんち》までやってきてくれるのです。

団地《だんち》に着《つ》いた吉沢先生《よしざわせんせい》は、じっちゃんの体《からだ》に巻《ま》かれている包帯《ほうたい》を見《み》てびっくりし

※フィラリア＝蚊にさされた犬・猫の心臓に虫が寄生してしまう恐ろしい病気

てしまいました。

「坂本《さかもと》さん。そのケガは、どうされたのですか？」

じっちゃんは、立《た》っているのもやっとという体勢《たいせい》で話《はな》しはじめました。

「いやいや、今朝方《けさがた》、階段《かいだん》を踏《ふ》み外《はず》してしまってのぉ。救急車《きゅうきゅうしゃ》で病院《びょういん》に運《はこ》ばれたんじゃ」

「そうだったんですか。電話一本《でんわいっぽん》くれれば、ダンの診察日《しんさつび》をずらしたのに……」

「いやぁ、そうじゃったのぉ。よりによって、ダンの診察日《しんさつび》に救急車《きゅうきゅうしゃ》で運《はこ》ばれてしまうとはのぉ」

吉沢先生《よしざわせんせい》は、じっちゃんの飼《か》い主《ぬし》としての責任感《せきにんかん》の強《つよ》さに驚《おどろ》いていました。


…　…


その数日後《すうじつご》、ケガの治療《ちりょう》のため、じっちゃんはかかりつけの病院《びょういん》に行《い》きました。

治療《ちりょう》を受《う》け終《お》わったじっちゃんは、昼《ひる》ご飯《はん》を食《た》べるため、病院《びょういん》の食堂《しょくどう》に入《はい》りました。そして、テーブル席《せき》に座《すわ》り、注文《ちゅうもん》した料理《りょうり》を食《た》べようとはしを持《も》ちました。すると、目《め》の前《まえ》をひとりのおばあさんが通《とお》りかかりました。

おばあさんは、じっちゃんにたずねてきました。

「この辺《へん》に本《ほん》がなかったかな？」

じっちゃんが座《すわ》っているテーブル席《せき》に本《ほん》はありません。

「いや、ワシは見《み》かけんかったよ」

おばあさんは、首《くび》をひねりました。

「おかしいなぁ……」

じっちゃんは、なくし物《もの》をしてしまったおばあさんが気《き》の毒《どく》に思《おも》えてきました。

「どんな本《ほん》を探《さが》しておるんじゃ？」

おばあさんは、周《まわ》りを見回《みまわ》しながら答《こた》えました。

「犬《いぬ》の本《ほん》なんじゃ」

「ほう、犬《いぬ》の本《ほん》……」

「わたしの大切《たいせつ》なものなんじゃ」

次《つぎ》の瞬間《しゅんかん》、おばあさんは瞳《ひとみ》をパカッと大《おお》きく見開《みひら》きました。そして、二《ふた》つとなりのテーブルを指《ゆび》さしました。

「あっ！　あんなところにあった」

二《ふた》つとなりのテーブル席《せき》のイスの上《うえ》に、その探《さが》し物《もの》は置《お》かれていました。

本《ほん》を手《て》に取《と》ったおばあさんは、じっちゃんが座《すわ》っているテーブル席《せき》のイスに腰《こし》かけました。

大事《だいじ》そうに本《ほん》を抱《かか》えるおばあさんに、じっちゃんもホッと胸《むね》をなでおろしました。

「よかったのぉ。きっと、面白《おもしろ》い本《ほん》なんじゃろうね？」

おばあさんは、その本《ほん》のページを開《ひら》いて、じっちゃんに見《み》せてくれました。

「もちろんじゃ。ほれ、この本《ほん》は、松山《まつやま》が舞台《ぶたい》になっているんよ」

じっちゃんは、その本《ほん》に見覚《みおぼ》えがありました。

――あれ、ひょっとして……。

おばあさんは、じっちゃんに本《ほん》の内容《ないよう》を説明《せつめい》しはじめました。

「ほれ、この犬《いぬ》はダンといって、目《め》が見《み》えない犬《いぬ》なんじゃ。それで、この人《ひと》がダンのお世話《せわ》をしてくれている坂本《さかもと》さんじゃ。目《め》の見《み》えない犬《いぬ》のお世話《せわ》をするなんて、なかなか普通《ふつう》の人《ひと》ができんことを、やってくれておるんじゃ」

「……!?」

おばあさんは、目《め》の前《まえ》の人《ひと》が、その「坂本《さかもと》さん」だとは気《き》がつかないまま話《はなし》をつづけます。

「おまえさんも、残《のこ》りの人生《じんせい》がそう長《なが》くないんじゃろうから、病院《びょういん》にご飯《はん》を食《た》べにくるばかりでなく、この坂本《さかもと》さんを見習《みなら》って、世《よ》のため人《ひと》のためにならにゃあ……。あっ？」

「……」

「えっ⁉」

「……」

「あっ！　あ、あんた坂本《さかもと》さんじゃ。ダンの坂本《さかもと》さんじゃ」

じっちゃんは笑《わら》いながら答《こた》えました。

「アハハハハッ。はい。ダンの坂本《さかもと》です。いつの間《ま》にか、みなさんにワシのことを知《し》ってもらえるようになって、うれしいことです」

おばあさんは、驚《おどろ》きながら、じっちゃんに言《い》いました。

「坂本《さかもと》さん。ちょっと、ここで待《ま》っていてくださいな」

おばあさんは、急《いそ》いで食堂《しょくどう》を出《で》ていきました。

しばらくすると、おばあさんは大勢《おおぜい》の知《し》り合《あ》いを連《つ》れて戻《もど》ってきました。

「ほれ、この人《ひと》。ダンの坂本《さかもと》さんじゃ」

じっちゃんは、アッという間《ま》にたくさんの人《ひと》たちに囲《かこ》まれてしまいました。

…　…

そんなことがあってから数週間後《すうしゅうかんご》、じっちゃんは、子《こ》どもたちが「材料《ざいりょう》を高温《こうおん》で溶《と》かした液体《えきたい》で好《す》きな形《かたち》のおもちゃ作《づく》りをする」というイベントを見学《けんがく》するため、愛媛県内《えひめけんない》の会場《かいじょう》まで出《で》かけていきました。

もの作《づく》りの名人《めいじん》でもあるじっちゃんは、その会場内《かいじょうない》の実験《じっけん》コーナーで、自分《じぶん》もおもちゃをこしらえてみました。

しばらくして、じっちゃんは、そばにあったイスに腰《こし》かけて一休《ひとやす》みしていました。

すると、目《め》の前《まえ》を小学三年生《しょうがくさんねんせい》くらいの男《おとこ》の子《こ》が、行《い》ったり来《き》たりしています。

――この子《こ》、なにか落《お》とし物《もの》でもしたのかなぁ?

男《おとこ》の子《こ》は、じっちゃんの顔《かお》をしばらく見《み》つめながら「うんうん」とうなずくと、どこかに行《い》ってしまいました。

そして、男《おとこ》の子《こ》はお父《とう》さんを連《つ》れてきて、じっちゃんから少《すこ》し離《はな》れた場所《ばしょ》に立《た》つと、小《ちい》さな声《こえ》でつぶやきました。

「お父《とう》さん。ほらほら、あの人《ひと》、ダンのおじいちゃんに違《ちが》いないよ」

お父《とう》さんは、じっちゃんの顔《かお》を見《み》て、驚《おどろ》いています。

「あっ⁉」

男《おとこ》の子《こ》は興奮《こうふん》したようすで、お父《とう》さんの顔《かお》を見《み》つめています。

「ね、そうでしょ」

お父《とう》さんは、答《こた》えました。

「うん、本物《ほんもの》だ。坂本《さかもと》さんに間違《まちが》いない」

親子《おやこ》は、じっちゃんのそばに近《ちか》づいてきました。

じっちゃんは、お父《とう》さんに声《こえ》をかけました。

「はい。本物《ほんもの》のダンのじいちゃんです」

お父《とう》さんは、弱《よわ》ったなぁ、という顔《かお》をこしらえました。

「どうもすみません。聞《き》こえていましたか。子《こ》どもが、いつも『坂本《さかもと》さんに会《あ》いたい』と言《い》っておりました」

「いやいや、みなさんにワシのことを知《し》ってもらえるようになって、うれしいことよのぉ、ほんとうに……」

このように、松山《まつやま》のお年《とし》よりから子《こ》どもたちの間《あいだ》に「ダンの物語《ものがたり》」は知《し》れわたっていたのでした。

団地《だんち》に戻《もど》ったじっちゃんは、いつものようにこの日《ひ》の出来事《できごと》をダンに語《かた》りかけながら、いっしょに時間《じかん》を過《す》ごしました。

「ダン、おまえも、みなさんに知《し》ってもらえるようになったなぁ」

その口調《くちょう》は、まるで自分《じぶん》の親友《しんゆう》に話《はな》しかけているようでした。

ダンに会《あ》えた夏《なつ》

坂本《さかもと》のじっちゃんとダンは、松山市《まつやまし》から愛媛県《えひめけん》、そして日本全国《にほんぜんこく》の子《こ》どもたちに知《し》られる存在《そんざい》になっていきました。すると、〝ふたり〟に会《あ》うために、吉藤団地《よしふじだんち》にやってくる人《ひと》も増《ふ》えてきました。

けれども、じっちゃんは、ダンの犬小屋《いぬごや》のそばに、いつもいるわけにはいきません。だから、ダンを見《み》にきた人《ひと》が、じっちゃんに会《あ》えるとは限《かぎ》らないのです。

そこで、じっちゃんは、犬小屋《いぬごや》を囲《かこ》っている柵《さく》に、ダンに会《あ》いに来《き》てくれた人《ひと》たちの住所《じゅうしょ》と名前《なまえ》を書《か》いてもらう「連絡《れんらく》ノート」を置《お》くことにしました。それは、はるばる遠《とお》いところから来《き》てくれた人《ひと》に、お礼《れい》の手紙《てがみ》を出《だ》したいというじっちゃんの気持《きも》ちの表《あらわ》れでした。

そのノートを置《お》いてしばらくすると、じっちゃんは名前《なまえ》と住所《じゅうしょ》が書《か》いてあるページをめくってみました。

――とんでもない遠《とお》いところからも、ダンに会《あ》いに来《き》てくれているわい……。

ノートには、愛媛《えひめ》県《けん》はもちろん、大阪《おおさか》、東京《とうきょう》、それに北海道《ほっかいどう》や沖縄《おきなわ》の人《ひと》の住所《じゅうしょ》も書《か》かれていました。

そして、いつからかノートには、じっちゃんとダンへのメッセージが書《か》かれるようになっていました。ひとりの人《ひと》がメッセージを書《か》きはじめ、それを見《み》た人《ひと》もメッセージを書《か》くようになり、それがえんえんとつづけられるようになったのです。

じっちゃんはノートを見《み》ていると、多《おお》くの人《ひと》が励《はげ》ましてくれているような気《き》がしてきました。

《坂本《さかもと》のおじいちゃん。ダンを最後《さいご》まで大事《だいじ》に育《そだ》ててあげてください》

《今日《きょう》、会《あ》いたかったダンちゃんに会《あ》えました‼ 我《わ》が家《や》の犬《いぬ》もダンという名前《なまえ》で

す。どちらのダンも幸《しあわ》せです。いつまでも、元気《げんき》でいてほしいです》
《ダン、げんき？　ずっとげんきでいてね。いつもじゃないけれど、ときどきだけ、くるからね》
《初《はじ》めてきました。また生《い》きる希望《きぼう》を取《と》り戻《もど》しました。一生懸命《いっしょうけんめい》、生《い》きているダンを見《み》ていたら、自分《じぶん》の悩《なや》みがちっぽけに思《おも》えます》
その他《た》、じっちゃんには、このような手紙《てがみ》も送《おく》られてきていました。
《ダンは、おげんきですか？　おじいちゃんもおげんきですか？　ダンは、やっぱり毎日《まいにち》、おなじところを、ぐるぐるまわっていますか。またあそびにいきます。からだにきをつけてくださいね》
《坂本《さかもと》のじっちゃん。右手《みぎて》が思《おも》うように動《うご》かなくなってしまったそうですね。それならば、右手《みぎて》をダンになめてもらいなさい。そうしたら治《なお》るかもよ》
《もう、何年《なんねん》も前《まえ》のことですが、うちの娘《むすめ》が小学《しょうがく》四年生《よねんせい》のときでした。学校《がっこう》に行《い》くのが嫌《いや》で、今《いま》でいう登校拒否《とうこうきょひ》になってしまったんです。そこで、家《いえ》の中《なか》で気持《きも》ちを落《お》ち着《つ》かせようとしていました。そんなとき、家《いえ》で退屈《たいくつ》にしていた娘《むすめ》が、たまたまダンちゃんのことが書《か》かれている本《ほん》を買《か》ってきました。娘《むすめ》は、その本《ほん》をアッという間《ま》に読《よ》み終《お》えてしまいました。そして、私《わたし》に言《い》ったんです。「お母《かあ》さん。私《わたし》が学校《がっこう》へ行《い》くのが嫌《いや》だと言《い》っていたのは身勝手《みがって》なことでした。目《め》の見《み》えないダンが頑張《がんば》っているのだから、私《わたし》は明日《あした》から学校《がっこう》へ行《い》くよ」って……。ほんとうにダンちゃんには感謝《かんしゃ》しています》

《目《め》の神様《かみさま》が祭《まつ》られている近所《きんじょ》の神社《じんじゃ》のお守《まも》りを送《おく》ります。坂本《さかもと》さんとダンがいつまでも、お元気《げんき》でお過《す》ごしいただけるよう、お祈《いの》りしております》

じっちゃんは、こうして会《あ》いに来《き》てくれた人《ひと》、手紙《てがみ》をくれた人《ひと》へと、動《うご》きにくくなった右手《みぎて》で、お礼《れい》の手紙《てがみ》を書《か》きました。物語《ものがたり》の主人公《しゅじんこう》から手紙《てがみ》が届《とど》くことが、子《こ》どもたちにとって、あるいは子《こ》どもの心《こころ》を持《も》ったまま大《おお》きくなった大人《おとな》にとって、どれほどうれしかったことでしょう。

じっちゃんは手紙《てがみ》を書《か》き終《お》えると、いつもダンのもとへ行《い》き、話《はな》しかけるのでした。

「ダンよ。多《おお》くの人《ひと》がおまえの物語《ものがたり》に感動《かんどう》して、会《あ》いに来《き》てくれたり、手紙《てがみ》を書《か》いてくれたりしたんじゃよ。ありがたいことよのぉ。悲《かな》しい事件《じけん》やつらい事件《じけん》がたびたび起《お》こる今《いま》の時代《じだい》、きっと、おまえの物語《ものがたり》から、なにかを感《かん》じ取《と》ってくれたのじゃろう。世《よ》の中《なか》は、まだまだ捨《す》てたもんじゃない。世間《せけん》の人々《ひとびと》は、情《じょう》の通《かよ》った出来事《できごと》を望《のぞ》んでおるんじゃなかろうか。最近《さいきん》、ワシは、そんなことを考《かんが》えるようになったんじゃ」

じっちゃんの言葉《ことば》がわかっているのか、いないのか、ダンは、いつものようにくるくると左回《ひだりまわ》りをくりかえすのでした。

……

そんななかの、お盆《ぼん》のことでした。

じっちゃんは、古《ふる》くなったダンの犬小屋《いぬごや》を作《つく》り直《なお》していました。

すると、お盆休《ぼんやす》みだからか、ダンに会《あ》いに来《く》る親子《おやこ》が、いつもよりたくさんいました。

「ダンの物語《ものがたり》」の舞台《ぶたい》になった吉藤団地《よしふじだんち》を見《み》てみたい……。坂本《さかもと》のじっちゃんやダンに会《あ》いたい……。「ダンの物語《ものがたり》」を知《し》った日本中《にほんじゅう》の子《こ》どもたちは、心《こころ》の底《そこ》より、そう思《おも》ったに違《ちが》いありません。なかでも、地元《じもと》・愛媛県内《えひめけんない》でくらしている子《こ》どもたちは、すぐにでも両親《りょうしん》に連《つ》れていってもらいたかったことでしょう。

しかし、遠《とお》く離《はな》れた場所《ばしょ》でくらす子《こ》どもたちは、「ダンに会《あ》いたい」「松山《まつやま》に連《つ》れていって」とお父《とう》さん・お母《かあ》さんに頼《たの》んだところで、そう簡単《かんたん》に願《ねが》いがかなうわけではありません。それでも、両親《りょうしん》のどちらかが愛媛県《えひめけん》あるいは、その他《ほか》の四国《しこく》の県《けん》を故郷《ふるさと》としているならば「お盆《ぼん》かお正月《しょうがつ》にダンのところに行《い》こう」「夏休《なつやす》みか冬休《ふゆやす》みなら松山《まつやま》に連《つ》れていってあげる」と約束《やくそく》をしてもらうことができます。

こうした「盆帰《ぼんがえ》り」の風習《ふうしゅう》を利用《りよう》して、〝ふたり〟に会《あ》いにきた親子《おやこ》がいます。

その日《ひ》、じっちゃんが犬小屋作《いぬごやづく》りのつづきをしていると、お父《とう》さんとおとなしそうな男《おとこ》の子《こ》が、自動車《じどうしゃ》から降《お》りてきました。

じっちゃんに気《き》がついた男《おとこ》の子《こ》が、お父《とう》さんにつぶやきました。

「あっ、ダンのおじいちゃんだ」

じっちゃんは、にっこりと笑《わら》いかけました。

「はい。ダンのじいちゃんじゃよ」

お父《とう》さんがじっちゃんにあいさつをしました。

「坂本《さかもと》さん、はじめまして。この子《こ》をダンくんに会《あ》わせていただくことはできるでしょうか?」

「もちろんじゃ。いやいや、この暑《あつ》い中《なか》、ようこそ、いらしてくれたわい。坊《ぼ》っちゃん。いま、ダンを呼《よ》ぶからな」

じっちゃんは、そう言《い》うと、柵《さく》の中《なか》に入《はい》り、犬小屋《いぬごや》の中《なか》のダンに向《む》かって声《こえ》をあげました。

「ダンよ〜〜」

吉藤団地《よしふじだんち》では、毎日《まいにち》のようにひびきわたる声《こえ》です。

ダンが、犬小屋《いぬごや》から出《で》てきました。そして、いつものように、左後《ひだりうし》ろ足《あし》を軸《じく》にして、くるくると回《まわ》りはじめました。

男《おとこ》の子《こ》は大喜《おおよろこ》びです。

「うわぁ〜〜、ダンだ！」

柵《さく》の中《なか》から出《で》てきたじっちゃんは、お父《とう》さんにたずねました。

「どちらからいらしたのかな？」

「はい。東京《とうきょう》からです」

「ほぉ、遠《とお》いところから、ようこそ……」

「もともと、私《わたし》は愛媛県《えひめけん》に住《す》んでいたことがあります」

「ほう、どこですか？」

「大洲《おおず》です」

「ほぉ、伊予《いよ》（※）の小京都《しょうきょうと》と呼《よ》ばれている城下町《じょうかまち》ですな……」

「はい。くらしていたのは、ほんの数年《すうねん》でしたが……。ダンくんの本《ほん》を読《よ》んだ息子《むすこ》に、私《わたし》が愛媛県《えひめけん》に住《す》んでいたことを話《はな》したら、『松山《まつやま》のダンのところに連《つ》れていってほしい』と言《い》い出《だ》しまして……」

「それで、今日《きょう》……」

「ええ。先《さき》ほど申《もう》し上《あ》げましたように、今《いま》、私《わたし》たちは東京《とうきょう》でくらしております。仕事《しごと》も忙《いそが》しく、そう簡単《かんたん》に愛媛《えひめ》に帰《かえ》ることができませんでした。ならば、せめて、この夏《なつ》のお盆休《ぼんやす》みになら、私《わたし》がくらしていたことがある大洲《おおず》を息子《むすこ》に見《み》せてあげら

※伊予＝愛媛県の昔の呼び方

れると、少《すこ》し待《ま》たせておりました。今日《きょう》は、その途中《とちゅう》に、ダンくんのところによらせてもらったというわけです。というか、息子《むすこ》にしてみたらダンくんに会《あ》うついでに、私《わたし》がくらしていた場所《ばしょ》を見《み》にいくという感《かん》じでしょうが……」

「そうでしたか」

「坂本《さかもと》さんやダンくんに会《あ》えて、息子《むすこ》は、さぞかし喜《よろこ》んでいると思《おも》います」

男《おとこ》の子《こ》は、柵《さく》の外《そと》から目《め》を輝《かがや》かせて、ダンを見《み》つめています。

その様子《ようす》を見《み》ていたじっちゃんは、お父《とう》さんに言《い》いました。

「ダンに会《あ》いに来《く》るお子《こ》さんは、みんな犬《いぬ》が好《す》きじゃ。犬《いぬ》の嫌《きら》いな子《こ》、犬《いぬ》に関心《かんしん》のない子《こ》は、まず来《き》やせんのじゃ」

「はい。息子《むすこ》も犬《いぬ》が大好《だいす》きです。引《ひ》っこみ思案《じあん》で友達《ともだち》も少《すく》なく、おまけに母親《ははおや》がいないひとりっ子《こ》なものですから……。息子《むすこ》が犬《いぬ》を飼《か》いたがっている気持《きも》ちはよくわかります。でも、私《わたし》たちも団地《だんち》でくらしております。だから、よけいに、息子《むすこ》は団地《だんち》でくらすダンくんのお話《はなし》から、なにかを感《かん》じ取《と》ったのだと思《おも》います。坂本《さかもと》さんたちは、団地《だんち》でくらす犬好《いぬず》きの子《こ》どもの夢《ゆめ》を代《か》わりにかなえてくれたんです」

じっちゃんは、考《かんが》えこんでしまいました。

――目《め》の見《み》えない犬《いぬ》は、日本中《にほんじゅう》にたくさんいるはずじゃ。でも、団地《だんち》で飼《か》われている犬《いぬ》というのは、ひょっとして、ダンだけかもしれん……。

男《おとこ》の子《こ》は、柵《さく》の外《そと》からだまって「団地《だんち》の犬《いぬ》」を瞳《ひとみ》に焼《や》きつけていました。

この男《おとこ》の子《こ》は犬《いぬ》が大好《だいす》きですが、柵《さく》の中《なか》に入《はい》って抱《だ》きついたりすれば、目《め》の見《み》えないダンはびっくりしてしまうだろうと考《かんが》えていました。これが、普通《ふつう》に目《め》の見《み》える犬《いぬ》だったら、抱《だ》きしめればしっぽをふって喜《よろこ》ぶのかもしれません。けれども、鼻《はな》だけが頼《たよ》りの犬《いぬ》が、まったくかいだことのないにおいの人《ひと》に、いきなり抱《だ》きつかれてしまえば、怖《こわ》がってしまいます。

しばらくして、親子《おやこ》は吉藤団地《よしふじだんち》から出発《しゅっぱつ》することになりました。

「それでは、お父《とう》さん。わざわざ遠《とお》いところを会《あ》いにきてくれて、ありがとうございました」

「坂本《さかもと》さん。〈ダンくんのところに連《つ》れていく〉という息子《むすこ》との約束《やくそく》を、今日《きょう》、果《は》たすことができました。おまけに、坂本《さかもと》さんにまで会《あ》うことができて、息子《むすこ》には思《おも》い出深《でぶか》い夏《なつ》になったと思《おも》います」

「坊《ぼ》っちゃんもお元気《げんき》で……」

男《おとこ》の子《こ》は、照《て》れくさそうに、ぽつりと言《い》いました。

「ダンのおじいちゃん、ありがとう……」

男《おとこ》の子《こ》は、走《はし》り出《だ》した自動車《じどうしゃ》の窓《まど》から、じっちゃんとダンに向《む》けて、小《ちい》さな手《て》をふりつづけていました。

男《おとこ》の子《こ》は、短《みじか》かったけれど、とても楽《たの》しかった「ダンとの時間《じかん》」を胸《むね》に、また団地《だんち》でくらしていくことでしょう。

花《はな》なら持《も》っていくことができるんだ

新《あたら》しく作《つく》り変《か》えられたダンの住《す》む小屋《こや》には、折《お》り紙《がみ》でできた飾《かざ》りものやダンの似顔絵《がおえ》、お守《まも》りが置《お》かれています。そのどれもが、全国《ぜんこく》の子《こ》どもたちからダンへの贈《おく》りものです。そして、その犬小屋《いぬごや》が置《お》かれている柵《さく》の中《なか》には、たくさんの花《はな》が植《う》えられています。ダンは花《はな》が大好《だいす》きなのです。

もちろん、ダンは花《はな》を見《み》ることはできません。そのにおいを楽《たの》しんでいるのです。

ダンは、拾《ひろ》われてきたころから、いつもくるくる回《まわ》ってばかりいました。そのために気分《きぶん》を悪《わる》くして、食《た》べた物《もの》を吐《は》いていました。そんな姿《すがた》を見《み》ていた坂本《さかもと》のじっちゃんたちは、ダンが一歩一歩《いっぽいっぽ》、地面《じめん》を確《たし》かめるように歩《ある》いてくれることを祈《いの》っていました。けれども、たまにまっすぐ歩《ある》く姿《すがた》を見《み》せてくれたものの、それは一瞬《いっしゅん》のことでした。目《め》が見《み》えないダンにとって、普通《ふつう》に歩《ある》くことはとてもたいへんなことのようでした。そんなダンは、花《はな》のにおいが、数少《かずすく》ない楽《たの》しみの一《ひと》つだったのです。

ダンがいるスペースに花《はな》が植《う》えられるようになったのは、近所《きんじょ》でくらすひとりの男《おとこ》の子《こ》が、一輪《いちりん》の花《はな》を持《も》ってきたのがきっかけでした。

それは、ある日《ひ》の夕方《ゆうがた》のことでした。じっちゃんが、ダンに晩《ばん》ご飯《はん》をあげに行《い》くと、柵《さく》の中《なか》に花《はな》が置《お》いてありました。その花《はな》は、花屋《はなや》の店先《みせさき》に飾《かざ》られている華《はな》やかなものではありません。どこかの原《はら》っぱからつまれたような一輪《いちりん》の花《はな》でした。

ダンは、大切《たいせつ》な宝物《たからもの》にふれるように、その花《はな》のにおいに目《め》を細《ほそ》めていました。

そのような光景《こうけい》を見《み》ていたじっちゃんは、思《おも》いました。

――珍《めずら》しいものがあると、歯《は》でかんでみたり、足《あし》でけとばしたりするのが犬《いぬ》だが、ダンは花《はな》を傷《いた》めることはせず、ただ楽《たの》しそうににおいをかいでいるわい……。

そして、次《つぎ》の日《ひ》も、またその次《つぎ》の日《ひ》も、ダンの犬小屋《いぬごや》のそばには、一輪《いちりん》の花《はな》が置《お》かれていました。

――いったい誰《だれ》が置《お》いていくのじゃろう？

じっちゃんは、そんなことを考《かんが》えていました。

数日後《すうじつご》、じっちゃんがダンに晩《ばん》ご飯《はん》をあげようとすると、ひとりの男《おとこ》の子《こ》が、犬《いぬ》小屋《ごや》のそばに花《はな》を置《お》いていきました。

「ダン。今日《きょう》の花《はな》だよ」

ダンは、花《はな》のにおいにつられてか、外《そと》に出《で》てきていました。

――はは～～ん。そういうことじゃったのか……。

ダンに食《た》べさせようと、自宅《じたく》からどうどうと食《た》べ物《もの》を持《も》ち出《だ》すことができる子《こ》どももいましたが、なにも持《も》ち出《だ》せないこの男《おとこ》の子《こ》は、原《はら》っぱに咲《さ》いていた花《はな》をつんできていたのでした。

このときも、ダンはつんできた花《はな》に顔《かお》を近《ちか》づけて、においをかいでいました。

男《おとこ》の子《こ》は、じっちゃんの姿《すがた》に気《き》がつくと、声《こえ》をかけてきました。潮見小学校《しおみしょうがっこう》に通《かよ》うこの男《おとこ》の子《こ》にとって、道徳《どうとく》の時間《じかん》などに特別授業《とくべつじゅぎょう》をするじっちゃんは、よく知《し》っているおじいさんでした。

「じっちゃん。ダンは花《はな》が好《す》きなようだよ」

じっちゃんは、その男《おとこ》の子《こ》に言《い》いました。

「あぁ、目《め》が見《み》えない動物《どうぶつ》の楽《たの》しみは、食《た》べ物《もの》か音《おと》かにおいじゃ。ダンの場合《ばあい》はにおい、それも花《はな》のにおいを楽《たの》しんでいるのかもしれないのぉ」

「それで、ダンは花《はな》を大切《たいせつ》にするんだね」

「きっと、そうじゃろう」

「だったら、ダンのために食《た》べ物《もの》を持《も》ってくることができないぼくは、これからも花《はな》を持《も》ってくるよ」

次《つぎ》の日《ひ》、じっちゃんがダンの小屋《こや》のそばに行《い》くと、やはり一輪《いちりん》の花《はな》が置《お》かれていました。そしてダンは、その花《はな》を抱《だ》きしめるように、そっと鼻《はな》を近《ちか》づけていました。

——あの男《おとこ》の子《こ》は、今日《きょう》も来《き》たんじゃな……。

ダンの花好《はなず》きを知《し》った男《おとこ》の子《こ》は、その後《ご》もさまざまな草花《くさばな》を野原《のはら》からつんできて、犬小屋《いぬごや》のそばに置《お》いていきました。

こうして、「ダンは花《はな》が好《す》きだ」という話《はなし》が、地元《じもと》の子《こ》どもたちの間《あいだ》に伝《つた》わっていきました。すると、切花《きりばな》よりは喜《よろこ》んでくれるだろうと、子《こ》どもたちは根《ね》のある草《くさ》花《ばな》を犬小屋《いぬごや》のそばに植《う》えるようになりました。それは、自分《じぶん》の家《いえ》の庭《にわ》で育《そだ》てた草花《くさばな》だったり、買《か》ってきた鉢植《はちう》えだったり、原《はら》っぱに咲《さ》く野草《やそう》だったりしました。ダンは、そんな草花《くさばな》をかみ砕《くだ》くことも、足《あし》で掘《ほ》り起《お》こすこともなく、やはり熱心《ねっしん》ににおいをかいでいました。

また、ダンは、じっちゃんや団地《だんち》の子《こ》どもたちに食《た》べ物《もの》をもらっていました。けれども、その他《ほか》にもたくさんの子《こ》どもたちから食《た》べ物《もの》をもらっていたため、お腹《なか》をこわしてしまうこともありました。そこで、団地《だんち》の子《こ》どもたちは「ダンには決《き》まった食《た》べ物《もの》だけを与《あた》える」というルールを作《つく》りました。

すると、いつの間《ま》にか、団地以外《だんちいがい》でくらす子《こ》どもたちは、花《はな》を持《も》ちよるようになりました。

そんな子《こ》どもたちは、ダンにこんな声《こえ》をかけます。

「ぼくたちは食《た》べ物《もの》を持《も》ってきてやることはできないけれど、花《はな》を持《も》ってくることはできるよ。お腹《なか》は満腹《まんぷく》になってしまうけれど、においならいくらでもかぐことができるもんね」

こうして、ダンがくらす二十畳《にじゅうじょう》ほどの空間《くうかん》に、たくさんの花《はな》が咲《さ》くようになりました。

花《はな》のにおいをかいでいると心《こころ》が落《お》ち着《つ》くのか、ダンのくるくると回《まわ》る数《かず》は減《へ》ってきて、食《た》べ物《もの》を吐《は》いてしまうこともなくなってきました。

〈ダンは花《はな》が好《す》きだ〉――このうわさは、地元《じもと》の子《こ》どもたちだけではなく、全国《ぜんこく》の子《こ》どもたちに広《ひろ》まっていきました。

こうなると、人気者《にんきもの》のダンのこと、日本各地《にほんかくち》から花《はな》の種《たね》や苗木《なえぎ》が送《おく》られてくるようになりました。その種《たね》や苗木《なえぎ》は、団地《だんち》や近所《きんじょ》でくらす子《こ》どもたちによって、犬《いぬ》小屋《ごや》のそばに植《う》えられました。

いろいろな人《ひと》たちが、それぞれの想《おも》いをこめて送《おく》ってきた花《はな》は、けして豪華《ごうか》なものではありません。けれども、その見《み》た目《め》を楽《たの》しむわけではないダンには、どんな花《はな》でもうれしい贈《おく》りものとなりました。

こうして、ダンは、花《はな》に囲《かこ》まれてくらすようになったのです。

スミレ、タンポポ、サルビア、マリンゴール、ツバキ、ハマボウ……。

もし自由《じゆう》に外《そと》を歩《ある》けたら、きっと街中《まちじゅう》でかいだであろう花々《はなばな》のにおい。ダンは、花《はな》に包《つつ》まれた二十畳《にじゅうじょう》の〝世界《せかい》〟で散歩《さんぽ》を楽《たの》しんでいるのかもしれません。

ダンが望《のぞ》んでいること

ダンが吉藤団地《よしふじだんち》にやってきて、何度目《なんどめ》かの春《はる》がめぐってきたころでした。この時期《じき》、団地《だんち》から引《ひ》っ越《こ》していった久保田望《くぼたのぞみ》さんや、中学校《ちゅうがっこう》のクラブ活動《かつどう》などで忙《いそが》しくなってきた石井希《いしいのぞみ》さんをはじめ、ダンが拾《ひろ》われた当時《とうじ》の子《こ》どもたちは、その面倒《めんどう》をみる時間《じかん》がとれなくなってきました。

けれども、そんな「かつての子《こ》ども」に代《か》わる〝後輩《こうはい》〟も登場《とうじょう》してきていました。

ダンの飼《か》い主代表《ぬしだいひょう》は坂本《さかもと》のじっちゃんでしたが、団地《だんち》でくらす子《こ》どもたちはもちろん、近所《きんじょ》の子《こ》どもたちも、あるいは校区以外《こうくいがい》の子《こ》どもたちも、犬小屋《いぬごや》やその柵《さく》の中《なか》をきれいにそうじしてくれていました。それも、「ぼくが、私《わたし》が、ダンの面倒《めんどう》をみています！」とアピールすることなく、いつの間《ま》にかウンチの始末《しまつ》や、犬小屋《いぬごや》のそうじが終《お》わっているのです。

そのような光景《こうけい》を見《み》るたびに、じっちゃんは、ほのぼのとした気持《きも》ちになりました。

――子《こ》どもは子《こ》どもなりに、ダンといることで心《こころ》が和《なご》むんじゃろう。きっと、それぞれの心《こころ》に、それぞれのダンがおるのじゃろう……。

そんななか、この春《はる》から夏《なつ》にかけての季節《きせつ》に困《こま》ったことが起《お》きてしまいました。ダンのいるスペースは土《つち》です。だから、食《た》べ物《もの》が残《のこ》っていると、ボウルの形《かたち》をしたダンのエサ箱《ばこ》に、たくさんのアリがまとわりついてしまうのです。すると、ダンはアリを嫌《いや》がって、食《た》べ物《もの》に近《ちか》づこうとしなくなってしまいました。

じっちゃんや団地《だんち》の子《こ》どもたちは、そのたびにエサ箱《ばこ》にまとわりついたアリを払《はら》い落《お》としました。けれども、アリはいつの間《ま》にか、また集団《しゅうだん》になって、食《た》べ物《もの》を取《と》り囲《かこ》んでしまいます。

そこで、じっちゃんたちは、アリをよせつけない作戦《さくせん》を考《かんが》えました。

その結果《けっか》、手《て》っ取《と》り早《ばや》い方法《ほうほう》として、殺虫剤《さっちゅうざい》をまくことにしました。この薬《くすり》は、働《はたら》きアリが食《た》べ物《もの》と間違《まちが》えて巣《す》に持《も》ち帰《かえ》ると、その中《なか》で待《ま》っているアリもろとも全滅《ぜんめつ》させてしまう強力《きょうりょく》なものでした。

じっちゃんたちは、さっそく、その殺虫剤《さっちゅうざい》をまきました。

「あぁ、これで大丈夫《だいじょうぶ》じゃ」

「これなら、ダンも安心《あんしん》してご飯《はん》が食《た》べられるね」

じっちゃんも子《こ》どもたちも、一安心《ひとあんしん》でした。

次《つぎ》の日《ひ》の朝《あさ》、じっちゃんがダンのもとに行《い》くと、やはり気《き》になっていたのか、ダンの面倒《めんどう》をよくみている団地《だんち》の女《おんな》の子《こ》が先《さき》に来《き》ていました。

「じっちゃん、アリはいないよ」

たしかに、ダンの食器《しょっき》にアリはいません。

「それは、よかったのぉ」

「でもね、じっちゃん。あれを見《み》てよ」

じっちゃんが女《おんな》の子《こ》の指《ゆび》さす方向《ほうこう》を見《み》ると、土《つち》のかたまりがぴょこんと盛《も》り上《あ》がっていました。

――なんじゃろう⁉

じっちゃんが、しげしげとその土《つち》のかたまりを見《み》ると、それはアリの巣《す》だとわかりました。

――この巣《す》の中《なか》のアリは全滅《ぜんめつ》してしまったのかもしれない。働《はたら》きアリが死《し》んでしまって、巣《す》を直《なお》すことができなくなってしまったのじゃろうか。かわいそうなことをしてしまった……。

地面《じめん》に盛《も》り上《あ》がった土《つち》のかたまりを見《み》つめながら、じっちゃんはそんなことを思《おも》っていました。

その日《ひ》の夕方《ゆうがた》、ダンの面倒《めんどう》をみてくれている子《こ》どもたちの前《まえ》で、じっちゃんは言《い》いました。

「ダンがアリを嫌《きら》うから、じっちゃんは薬《くすり》をまいたんじゃ。そうしたら、アリは死《し》んでしまった。いくらダンのためだといっても、これではアリがかわいそうに思《おも》うんじゃ。そこで、どうしたらいいか、一《ひと》つ、みんなで考《かんが》えてくれんかのぉ？」

「わかった、じっちゃん。ダンにも命《いのち》があるけれど、アリにも命《いのち》があるもんね」

「そうだね、じっちゃん。アリを殺《ころ》さないことを、いちばん望《のぞ》んでいるのはダンのはずだよ」

こうして、子《こ》どもたちは家《いえ》に帰《かえ》っていきました。

次《つぎ》の日《ひ》の夕方《ゆうがた》、子《こ》どもたちが犬小屋《いぬごや》のそばに集《あつ》まってくれました。

そのなかの、ひとりの男《おとこ》の子《こ》が言《い》いました。

「ダンも大事《だいじ》だけれど、アリもかわいそうだ。そこで、考《かんが》えたのだけれど、エサ箱《ばこ》が地面《じめん》にくっついているから、アリがのぼってきてしまうんだよ。だから、エサ箱《ばこ》の下《した》を高《たか》くして、地面《じめん》から離《はな》せばいいんだよ」

「どうするんじゃ？」

「あれさ」

男《おとこ》の子《こ》は、敷地《しきち》に置《お》かれているプラスチック製《せい》の植木鉢《うえきばち》を指《ゆび》さしました。

「鉢《はち》をどうするんじゃ」

「あの鉢《はち》から土《つち》を取《と》って逆《さか》さまにする。その上《うえ》にエサ箱《ばこ》を置《お》いて、上《うえ》からビニールテープをぐるぐる巻《ま》きにするんだよ」

その話《はなし》を聞《き》いて、じっちゃんは感心《かんしん》してしまいました。

「なるほど。たしかに、ビニールテープを巻《ま》けば、つるつるとすべってしまい、アリはエサ箱《ばこ》にのぼれないかもしれん。いい考《かんが》えじゃ……」

「エヘヘヘッ。これは、うちのお父《とう》さんのアイディアなんだ」

「アハハハッ。そうじゃったのか」

じっちゃんは、そのアイディアが男の子《おとこ》のものであることよりも、この子《こ》が、ダンのためにお父《とう》さんと話《はな》し合《あ》ってくれたことをうれしく思《おも》っていました。

さっそく、じっちゃんと子《こ》どもたちは、空《から》にした鉢《はち》を逆《さか》さまにして、その上《うえ》にエサ箱《ばこ》を置《お》きました。そして、エサ箱《ばこ》と鉢《はち》をセメダインでくっつけて、その外側《そとがわ》をぐるぐるとビニールテープで巻《ま》きつけました。

「発明《はつめい》おじいさん」としても有名《ゆうめい》で、潮見小学校《しおみしょうがっこう》では図工《ずこう》クラブで教《おし》えていたじっちゃんにとって、この手《て》の作業《さぎょう》はお手《て》のものです。

こうして、じっちゃんたちはアリを殺《ころ》さず、ダンの食《た》べ物《もの》を守《まも》ることに成功《せいこう》したのです。アリは、エサ箱《ばこ》にのぼってくることはありませんでした。

けれども、数日後《すうじつご》のことでした。

エサ箱《ばこ》が、アリの大群《たいぐん》で真《ま》っ黒《くろ》になってしまったのです。

ダンは、困《こま》った顔《かお》をして、エサ箱《ばこ》に近《ちか》づけないでいました。

「アリは、初《はじ》めて見《み》るものを嫌《きら》うのかも知《し》れん。しかし、それも初《はじ》めだけで、慣《な》れてきて一匹《いっぴき》のアリが乗《の》り越《こ》えてくると、あとは他《ほか》のアリもつづいて乗《の》り越《こ》えてしまうのかもしれないのぉ。う〜〜ん、弱《よわ》ってしまったのぉ」

じっちゃんは、子《こ》どもたちといっしょに考《かんが》えこんでしまいました。

ダンのエサ箱《ばこ》から、アリを追《お》い払《はら》う作戦《さくせん》は失敗《しっぱい》に終《お》わろうとしていました。

そのとき、ひとりの女《おんな》の子《こ》が、小《ちい》さな声《こえ》で言《い》いました。

「じっちゃん。私《わたし》たちの町《まち》のシンボルの松山城《まつやまじょう》は、天守閣《てんしゅかく》を守《まも》るために、周《まわ》りがお堀《ほり》で囲《かこ》まれていたじゃない。あれじゃあ、敵《てき》も攻《せ》めることはできなかっただろうね」

「えっ？」

「このエサ箱《ばこ》の下《した》に水《みず》をためたお皿《さら》をおいたらどうだろう。そうすれば、アリはのぼってくることはできないよ」

「言《い》われてみれば、そうじゃのう」

さっそく、エサ箱《ばこ》を乗《の》せた鉢植《はちう》えの下《した》に水《みず》を注《そそ》いだお皿《さら》を置《お》きました。すると、アリもエサ箱《ばこ》に入《はい》ってこられなくなりました。

その後《ご》も、エサ箱《ばこ》は改良《かいりょう》されていき、アリを殺《ころ》さず、ダンが食《た》べ物《もの》をほおばれるようになったそうです。

団地《だんち》にあふれる「感謝《かんしゃ》の言葉《ことば》」

ある日《ひ》、坂本《さかもと》のじっちゃんが部屋《へや》の中《なか》で新聞《しんぶん》を読《よ》んでいると、窓《まど》の向《む》こうから子《こ》どもたちの声《こえ》が聞《き》こえてきました。

「ダ～ン。ダ～ン。ダン、ダン」

「ダ～ン。ダ～ン。ダン、ダン」

その「ダン、ダン」という声《こえ》を聞《き》いていたじっちゃんは、いい呼《よ》び名《な》だなぁと思《おも》っていました。「だんだん」という言葉《ことば》は、愛媛県《えひめけん》では「ありがとう」という意味《いみ》の方言《ほうげん》だからです。

この「だんだん（＝ありがとう）」という言葉《ことば》は、今《いま》でこそ若《わか》い人《ひと》につかわれていませんが、じっちゃんより上《うえ》の世代《せだい》の人《ひと》たちが、感謝《かんしゃ》の気持《きも》ちを表《あらわ》すときにつかっていました。たとえば、となりの人《ひと》からお菓子《かし》をもらったら「だんだん」、キレイな花《はな》をもらったときも「だんだん」という具合《ぐあい》にです。

——感謝《かんしゃ》の気持《きも》ちを表《あらわ》す「だんだん」という言葉《ことば》が愛媛県《えひめけん》にはあったんじゃ。ワシは忘《わす》れておったよ。「だんだん」というのは「ありがとう」という言葉《ことば》。ダンはなんという、いい名前《なまえ》をつけられたのじゃろう。そういえば、ワシと同《おな》じような歳《とし》の人《ひと》たちから、「ダンというのはいい名前《なまえ》ですね」と、よく言《い》われていたわい……。

〈じっちゃん、ダンという名前《なまえ》はどうだろうか？〉——目《め》の見《み》えない子犬《こいぬ》を団地《だんち》で面倒《めんどう》をみることが決《き》まったときは思《おも》いもしませんでしたが、すでにこのとき感謝《かんしゃ》の気持《きも》ちを表《あらわ》すステキな名前《なまえ》がつけられていたのです。

じっちゃんには、子《こ》どもたちの「ダン、ダン」という声《こえ》が、「命《いのち》を助《たす》けてくれて、ありがとう」「いつも世話《せわ》をしてくれて、ありがとう」と、ダンが感謝《かんしゃ》の気持《きも》ちを表《あらわ》しているようにも聞《き》こえてきました。

その日《ひ》、犬小屋《いぬごや》のそばにいったじっちゃんは、ダンに向《む》かって話《はな》しました。

「ダンよ。年配《ねんぱい》の人《ひと》たちは、ワシがおまえの名前《なまえ》を子《こ》どもたちにつけさせたと思《おも》っているはずじゃ。子《こ》どもたちが『ダン、ダン』と呼《よ》んでいるのが『ありがとう』と言《い》っていように聞《き》こえていたのじゃろう。でも、おまえの名前《なまえ》は、子《こ》どもたちが迷《まよ》いに迷《まよ》って『ここは団地《だんち》じゃからダンにしよう』と言《い》ってつけられたものじゃ。偶然《ぐうぜん》じゃった。それにしても、なにもかもがいい方《ほう》へ、いい方《ほう》へと転《ころ》がっていくのぉ」

……　……

ダンは、くるくると回《まわ》りつづけています。

そこへ、近所《きんじょ》のおじいさんが通《とお》りかかりました。

「こんにちは、坂本《さかもと》さん」

じっちゃんは、そのおじいさんに「ダンの名前《なまえ》には感謝《かんしゃ》の気持《きも》ちがこめられているような気《き》がする」という話《はなし》をしました。

するとおじいさんは言《い》いました。

「そういえば、水《みず》の入《はい》ったコップの下《した》に『ありがとう』と書《か》いた紙《かみ》を置《お》いておくだけで、普通《ふつう》の水《みず》より長持《ながも》ちすると誰《だれ》かから聞《き》いたことがありますよ。不思議《ふしぎ》なことがあるものです」

「ほう、そんなことが……」

「それだけ〈ありがとう〉という言葉《ことば》は、不思議《ふしぎ》なパワーを持《も》っているのかもしれません。きっと、坂本《さかもと》さんや子《こ》どもたちが『ダン、ダン』という言葉《ことば》を飛《と》び交《か》わせている吉藤団地《よしふじだんち》の周辺《しゅうへん》は、『ありがとう』という感謝《かんしゃ》の言葉《ことば》で満《み》ちあふれているのかもしれませんね」

「なにもかもがいい方向《ほうこう》に転《ころ》がっていったのも、このダンという名前《なまえ》のおかげもあるのかもしれんのぉ」

そんなことを話《はな》しているじっちゃんたちのそばを、下校中《げこうちゅう》の子《こ》どもたちが通《とお》りかかりました。

「ダン、ダン」

「ダン、ダン」

「ありがとう」という感謝《かんしゃ》の言葉《ことば》が、今日《きょう》も吉藤団地《よしふじだんち》に飛《と》び交《か》っていました。

じっちゃんの授業《じゅぎょう》

ダンが吉藤団地《よしふじだんち》に現《あらわ》れて、八年《はちねん》が過《す》ぎた平成十四年三月《へいせいじゅうよねんさんがつ》――。

潮見小学校《しおみしょうがっこう》の教頭《きょうとう》だった吉田博子先生《よしだひろこせんせい》が、松山市内《まつやましない》の他《ほか》の小学校《しょうがっこう》へと転勤《てんきん》することになりました。

「ダンの物語《ものがたり》」は、吉田先生《よしだせんせい》が潮見小学校《しおみしょうがっこう》の教頭《きょうとう》になった平成十年《へいせいじゅうねん》くらいから日本《にほん》全国《ぜんこく》に広《ひろ》がりはじめました。そして、この物語《ものがたり》を知《し》った全国《ぜんこく》の人《ひと》たちから、小学校《しょうがっこう》に励《はげ》ましの手紙《てがみ》が届《とど》けられるようになりました。なかには、「目《め》の見《み》えないダンちゃんのために」と、食《た》べ物《もの》や予防接種《よぼうせっしゅ》のためのお金《かね》を送《おく》ってきてくれる人《ひと》もいました。

そんな人《ひと》たちに、お礼《れい》の手紙《てがみ》を書《か》く事務局《じむきょく》の仕事《しごと》は、教頭先生《きょうとうせんせい》の役目《やくめ》でした。

吉田先生《よしだせんせい》は、いつも身近《みぢか》に感《かん》じていた「ダンの物語《ものがたり》」を「潮見《しおみ》の誇《ほこ》り」だと思《おも》っていました。というのも、先生《せんせい》は潮見地区《しおみちく》で生《う》まれ育《そだ》ち、潮見小学校《しおみしょうがっこう》に通《かよ》っていた〝潮見っ子《しおみっこ》〟でした。しかも、先生《せんせい》の両親《りょうしん》も三人《さんにん》の子《こ》どもたちも、潮見小学校《しおみしょうがっこう》の卒業生《そつぎょうせい》です。

そんな思《おも》い入《い》れが強《つよ》い潮見小学校《しおみしょうがっこう》を離《はな》れていく吉田先生《よしだせんせい》は、以前《いぜん》から「ダンの物語《ものがたり》」のモニュメントが作《つく》れたらいいなぁと考《かんが》えていました。それは、「じっちゃんとダン」の記念碑《きねんひ》のようなものです。

いつの日《ひ》か、吉田先生《よしだせんせい》は、モニュメントを作《つく》りたいという話《はなし》を、じっちゃんに切《き》り出《だ》したことがありました。

それを聞《き》いたじっちゃんは、こう答《こた》えました。

「ダンも歳《とし》をとってきておるし、そういつまでも生《い》きておられるわけではないからのぉ。ワシはいいから、なんとかダンの記念碑《きねんひ》を作《つく》ってやってほしいものじゃ」

けれども、吉田先生《よしだせんせい》が潮見小学校《しおみしょうがっこう》にいる間《あいだ》に、その夢《ゆめ》がかなうことはありませんでした。

吉田先生《よしだせんせい》は、潮見小学校《しおみしょうがっこう》を離《はな》れていくとき、次《つぎ》の教頭《きょうとう》として赴任《ふにん》してくる松坂《まつざか》純子先生《じゅんこせんせい》に仕事《しごと》の引継《ひきつ》ぎをしました。

「松坂先生《まつざかせんせい》、潮見小学校《しおみしょうがっこう》をよろしくお願《ねが》いします。それと、潮見小学校《しおみしょうがっこう》の教頭《きょうとう》になると〈ダンちゃんの事務局《じむきょく》〉という仕事《しごと》もついてくるんですよ」

潮見小学校《しおみしょうがっこう》の「ダンの事務局《じむきょく》」では、お礼《れい》の手紙《てがみ》を書《か》く以外《いがい》にも、マスコミへの対応《たいおう》や、じっちゃんとの連絡係《れんらくがかり》もこなしていました。

松坂先生《まつざかせんせい》は、その仕事《しごと》もこころよく引《ひ》き受《う》けました。

「吉田先生《よしだせんせい》、私《わたし》は道徳《どうとく》の教科《きょうか》には強《つよ》い関心《かんしん》を持《も》っているので、ダンちゃんのことはよく知《し》っていました。だから、事務局《じむきょく》のお仕事《しごと》も楽《たの》しみにしています」

「松坂先生《まつざかせんせい》、ありがとうございます。それと……」

「なんでしょうか？」

「これはＰＴＡ《ピーティーエー》（※）の方々《かたがた》と考《かんが》えていたことなのですが……。地域《ちいき》の誇《ほこ》りである〈ダンちゃんの物語《ものがたり》〉をいつまでも語《かた》り継《つ》げるようなシンボル……つまり、坂本《さかもと》さんとダンちゃんのモニュメントを作《つく》りたいと思《おも》っていました。けれども、この夢《ゆめ》は私《わたし》が潮見小《しおみしょう》にいるうちに実現《じつげん》できませんでした。それが唯一《ゆいいつ》の心残《こころのこ》りです」

こうして、吉田先生《よしだせんせい》は、教頭《きょうとう》の仕事《しごと》と事務局《じむきょく》の仕事《しごと》、そして「夢《ゆめ》のつぼみ」を松坂先生《まつざかせんせい》に託《たく》して、潮見小学校《しおみしょうがっこう》を去《さ》っていきました。

……

新年度《しんねんど》が始《はじ》まり、新《あたら》しく教頭《きょうとう》になった松坂先生《まつざかせんせい》のもとにも、日本全国《にほんぜんこく》の子《こ》どもたちから、「ダンちゃんに」「坂本《さかもと》さんに」と記《しる》された手紙《てがみ》が届《とど》けられるようになりました。

団地犬《だんちけん》のダンは、学校犬《がっこうけん》でもあり、校区《こうく》の犬《いぬ》でもあり、なにより日本全国《にほんぜんこく》の子《こ》どもたちの犬《いぬ》となっていました。それと同時《どうじ》に、「ダンの飼《か》い主《ぬし》」として全国的《ぜんこくてき》に知《し》

※ＰＴＡ＝子供の福祉と教育効果の向上を目的とし、父母・教師が相互に協力して学校単位に組織された団体

れわたったじっちゃんでしたが、もともと地元《じもと》・松山《まつやま》では「町《まち》の発明家《はつめいか》」や「もの作《づく》り名人《めいじん》」として有名《ゆうめい》なおじいさんでした。

ダンが団地《だんち》に現《あらわ》れる前《まえ》のじっちゃんは、暇《ひま》な時間《じかん》があると、解体工場《かいたいこうじょう》を回《まわ》ったり、粗大《そだい》ゴミの日《ひ》に外《そと》を歩《ある》き回《まわ》ったりして、発明品《はつめいひん》の材料《ざいりょう》を見《み》つけていました。このようなじっちゃんの姿《すがた》を見《み》ていた近所《きんじょ》の人《ひと》たちは、「発明品《はつめいひん》の材料《ざいりょう》になるのではないですか?」と、材料《ざいりょう》を持《も》ってきてくれたほどです。

じっちゃんは、そんな廃材《はいざい》を利用《りよう》して、「体《からだ》の不自由《ふじゆう》な人《ひと》のためのページめくり機《き》」「子守《こもり》ロボット」、そして「あいさつ人形《にんぎょう》」などを発明《はつめい》してきました。その発明《はつめい》品《ひん》はどれも自分《じぶん》のためにではなく、身近《みぢか》な誰《だれ》かに役立《やくだ》たせるものでした。

そして、じっちゃんは、「自分《じぶん》で思《おも》いついたものを形《かたち》にする楽《たの》しさ」を伝《つた》えるため、潮見小学校《しおみしょうがっこう》の図工《ずこう》クラブで授業《じゅぎょう》をはじめることになりました。

その授業《じゅぎょう》が始《はじ》まったのは、こんなことがきっかけです。

その当時《とうじ》、じっちゃんの孫《まご》が、潮見小学校《しおみしょうがっこう》に入学《にゅうがく》しました。じっちゃんは、小《ちい》さな手《て》をひいて、小学校《しょうがっこう》まで送《おく》っていっていました。

＊　＊

このとき、「あいさつをしましょう」という学校《がっこう》の方針《ほうしん》で、数人《すうにん》の上級生《じょうきゅうせい》が交代《こうたい》で校門《こうもん》の前《まえ》に立《た》って、下級生《かきゅうせい》に「おはようございます」とあいさつをしていました。そして、下級生《かきゅうせい》も「おはようございます」とあいさつを返《かえ》して、校庭《こうてい》の中《なか》に入《はい》っていました。

けれども、上級生《じょうきゅうせい》がずらりと並《なら》んでいる前《まえ》を通《とお》るのを恥《は》ずかしがる下級生《かきゅうせい》もいました。とくに、ほとんどの一年生《いちねんせい》は、「おはようございます」とあいさつされると、いちもくさんに校庭《こうてい》に走《はし》っていきました。

そんな様子《ようす》を見《み》ていたじっちゃんは、もっと楽《たの》しいあいさつの方法《ほうほう》はないものだろうかと考《かんが》えていました。

それからしばらくして、小学校《しょうがっこう》におじいさん・おばあさんが集《あつ》まる敬老会《けいろうかい》が開《ひら》かれました。じっちゃんは、その会《かい》に出席《しゅっせき》しました。そこには校長先生《こうちょうせんせい》も来《き》ていて、校門《こうもん》のあいさつのことを参加者《さんかしゃ》が話題《わだい》にしていました。

「校長先生《こうちょうせんせい》。登校《とうこう》のとき、上級生《じょうきゅうせい》がずらりと校門《こうもん》に並《なら》んでいて、下級生《かきゅうせい》が恥《は》ずかしそうにしています」

校長先生《こうちょうせんせい》は考《かんが》えこんでしまいました。

「う〜〜ん。そうみたいですね。あいさつの大切《たいせつ》さを教《おし》えるのは重要《じゅうよう》なことですが、毎朝《まいあさ》、上級生《じょうきゅうせい》が校門《こうもん》に立《た》っていることが下級生《かきゅうせい》のプレッシャーになってはいけません。なにか、いいアイディアはありませんか？」

その言葉《ことば》を受《う》けた参加者《さんかしゃ》たちも考《かんが》えこんでしまいました。

そんな沈黙《ちんもく》を破《やぶ》って、アイディアを出《だ》したのが「町《まち》の発明家《はつめいか》」であり「もの作《づく》り名人《めいじん》」と呼《よ》ばれるじっちゃんでした。

「そうじゃなぁ。ワシも前《まえ》から思《おも》っていたのじゃが、校門《こうもん》で上級生《じょうきゅうせい》が待《ま》ち構《かま》えてあいさつするよりも……」

出席者《しゅっせきしゃ》の誰《だれ》もが、じっちゃんの言葉《ことば》のつづきに注目《ちゅうもく》しました。

じっちゃんは、ニコッと笑《わら》って話《はなし》をつづけました。

「……人形《にんぎょう》があいさつをしたら、子《こ》どもたちも面白《おもしろ》がってあいさつをするのじゃなかろうか」

誰《だれ》もがじっちゃんのほうを見《み》て、驚《おどろ》いてしまいました。

「えっ!? それは面白《おもしろ》い！ でも、そんなものができるのですか？」

じっちゃんは、笑《わら》い声《ごえ》をあげながら言《い》いました。

「できんことはないが……。アハハハッ……。作《つく》ってみましょうか」

このような出来事《できごと》があった数日後《すうじつご》、潮見小学校《しおみしょうがっこう》の校門《こうもん》には、登校《とうこう》してくる子《こ》どもたちの動《うご》きを察知《さっち》して、「オ・ハ・ヨ・ウ・ゴ・ザ・イ・マ・ス」とあいさつをする男《おとこ》の子《こ》と女《おんな》の子《こ》のかっこうをした二体《にたい》の人形《にんぎょう》が立《た》っていました。

そして、じっちゃんは学校《がっこう》のカリキュラムのなかの図工《ずこう》クラブで、子《こ》どもたちに「発明《はつめい》」や「もの作《づく》り」の楽《たの》しさを教《おし》えるようになったのです。

＊　＊

じっちゃんの図工《ずこう》クラブの授業《じゅぎょう》は三十年《さんじゅうねん》近《ちか》くつづきました。じっちゃんは、なにかに夢中《むちゅう》になっている子《こ》どもたちのいきいきとしたまなざしを見《み》ているのが大好《だいす》きでした。

そんなじっちゃんの図工《ずこう》クラブの授業《じゅぎょう》は終《お》わりました。けれども、じっちゃんと小学校《しょうがっこう》の関係《かんけい》はつづくことになります。

潮見小学校《しおみしょうがっこう》では、二年生《にねんせい》の一学期《いちがっき》になると、自分《じぶん》が生《う》まれ育《そだ》った潮見《しおみ》の校区《こうく》をぐるりと一《ひと》めぐりする授業《じゅぎょう》を行《おこな》っています。神社《じんじゃ》・お寺《てら》・遺跡《いせき》・公園《こうえん》……。知《し》っているようで知《し》らなかった場所《ばしょ》を発見《はっけん》したり、付近《ふきん》の土地《とち》の成《な》り立《た》ちやいわれを勉強《べんきょう》したりします。そんな授業《じゅぎょう》コースのなかに、「吉藤団地《よしふじだんち》のダン」も組《く》みこまれているのです。

また、三年生《さんねんせい》の三学期《さんがっき》には道徳《どうとく》や総合的《そうごうてき》な学習《がくしゅう》の時間《じかん》のなかで、じっちゃんを学校《がっこう》に招《まね》いての「ダンの授業《じゅぎょう》」が行《おこな》われています。直《じか》にじっちゃんから話《はなし》を聞《き》かせてもらうことで、本《ほん》で読《よ》んだり、人《ひと》から聞《き》いたりしたものではない「ダンの物語《ものがたり》」が伝《つた》わってくるのです。

こうして、「じっちゃんの授業《じゅぎょう》」が行《おこな》われるのは、じっちゃんが「もの作《づく》り名人《めいじん》」や「ダンの飼《か》い主《ぬし》」である以上《いじょう》に、ひとりの兵隊《へいたい》として戦争《せんそう》を経験《けいけん》して、「命《いのち》の大切《たいせつ》さ」を伝《つた》えられる人《ひと》だからでもあります。

じっちゃんは、授業《じゅぎょう》で子《こ》どもたちの前《まえ》に立《た》つと、その貴重《きちょう》な戦争体験《せんそうたいけん》を通《とお》して、命《いのち》の大切《たいせつ》さも訴《うった》えます。

「じっちゃんが若《わか》いころは戦争《せんそう》で多《おお》くの人《ひと》が命《いのち》を落《お》としていったんじゃ。命《いのち》というのは一《ひと》つしかないのじゃから、死《し》んだら、それでおしまいじゃ。

命《いのち》があるのは、犬《いぬ》でも猫《ねこ》でも鳥《とり》でもいっしょじゃ。みんななかよく生《い》きていきたいものよのぉ。そこに、ほんとうの幸《しあわ》せや喜《よろこ》びがあるんじゃないのかのぉ。殺《ころ》し合《あ》い、憎《にく》しみからは、なんにも生《う》まれてくるものがないわい。

じっちゃんは命《いのち》を落《お》としていく人《ひと》を嫌《いや》というほど見《み》ているから、心《こころ》の底《そこ》より思《おも》うんじゃ。誰《だれ》もが、自分《じぶん》の命《いのち》はもちろん、この世《よ》に生《う》まれてきた命《いのち》を大切《たいせつ》にしてほしいとなぁ」

そのようなことを話《はな》し終《お》えて吉藤団地《よしふじだんち》に戻《もど》ったじっちゃんは、いつもダンに、その日《ひ》の出来事《できごと》を話《はな》すのでした。

目の見えない犬
目の見えない犬
かう。
だれかにそうだんする
団地では犬はかえないきまりになっている
みんなにめいわくをかけているのよ。
すて犬やすてねこをかっていたらきりがないですよ
もとの場所にもどしたほうがいいよ。

想《おも》いをこめた石像《せきぞう》

平成十六年《へいせいじゅうろくねん》になると、「ダンの事務局《じむきょく》」を担当《たんとう》する松坂先生《まつざかせんせい》のもとに、「〈坂本《さかもと》さんとダン〉の記念碑《きねんひ》を作《つく》りたい」という意見《いけん》が、学校関係者《がっこうかんけいしゃ》やPTA《ピーティーエー》からあがってくるようになりました。松坂先生《まつざかせんせい》も、吉田先生《よしだせんせい》からリレーされた「夢《ゆめ》のつぼみ」の花《はな》を咲《さ》かせたいと思《おも》っていました。けれども、楽《たの》しかった季節《きせつ》は、いつかは終《お》わりを告《つ》げて、想《おも》い出《で》に変《か》わっていきます。

モニュメント製作《せいさく》の話《はなし》が盛《も》り上《あ》がってきたさなか、松坂先生《まつざかせんせい》に転勤辞令《てんきんじれい》がおりたのです。

松坂先生《まつざかせんせい》は、潮見小学校《しおみしょうがっこう》が大好《だいす》きでした。それは、坂本《さかもと》のじっちゃんに代表《だいひょう》されるように、学校《がっこう》を支《ささ》えてくれた地域《ちいき》の人《ひと》たちの「温《あたた》かさ」を感《かん》じたり、じっちゃんやダンを応援《おうえん》する全国《ぜんこく》の人《ひと》たちの「やさしさ」にふれたりすることができたからです。

二年間《にねんかん》と短《みじか》かったけれど、松坂先生《まつざかせんせい》にとっては、とっても充実《じゅうじつ》した潮見小学校《しおみしょうがっこう》での生活《せいかつ》でした。先生《せんせい》は、たくさんの想《おも》い出《で》を抱《いだ》いて、転勤《てんきん》していきました。

‥　‥

潮見小学校《しおみしょうがっこう》の平成十六年度《へいせいじゅうろくねんど》が始《はじ》まりました。

この次《つぎ》の年度《ねんど》、つまり平成十七年度《へいせいじゅうななねんど》は、潮見小学校《しおみしょうがっこう》の創立百三十周年《そうりつひゃくさんじゅっしゅうねん》にあたります。そこで百三十周年《ひゃくさんじゅっしゅうねん》の記念行事《きねんぎょうじ》の一《ひと》つにあがっていた「〈ダンの物語《ものがたり》〉のモニュメントを作《つく》ろう」という声《こえ》は、ますます大《おお》きくなっていきました。

そんななかの六月《ろくがつ》のある日《ひ》、じっちゃんは松山市内《まつやましない》の石材店《せきざいてん》に行《い》きました。お店《みせ》の中《なか》には、背広姿《せびろすがた》の男《おとこ》の人《ひと》がいました。

「いらっしゃいませ。さぁ、どうぞ」

男《おとこ》の人《ひと》が声《こえ》をかけると、じっちゃんはイスに腰《こし》かけながら話《はな》しはじめました。

「犬《いぬ》の石像《せきぞう》のことで、ちょっとお聞《き》きしたいのじゃが?」

「ワンちゃんの石像《せきぞう》ですか?」

「そうなんじゃ。紀州犬《きしゅうけん》の雑種《ざっしゅ》でのぉ」

男《おとこ》の人《ひと》も、『上村《うえむら》 優《すぐる》』と記《しる》された名刺《めいし》を出《だ》して、じっちゃんと同《おな》じテーブルをはさんだイスに腰《こし》かけて向《む》き合《あ》いました。

上村《うえむら》さんは、「ダンの物語《ものがたり》」を知《し》りませんでした。

「ワンちゃん、お亡《な》くなりになられたのですか?」

「いやいや、まだ生《い》きておるんじゃ。石材店《せきざいてん》さんでは犬《いぬ》の石像《せきぞう》をこしらえてくれるものなのかのぉ?」

石材店《せきざいてん》は、切《き》り出《だ》した石《いし》を細工《さいく》して、墓石《はかいし》や石像《せきぞう》などをこしらえて販売《はんばい》するところです。

上村《うえむら》さんは、じっちゃんの質問《しつもん》に答《こた》えました。

「はい、もちろんです。たまに、亡《な》くなった飼《か》い犬《いぬ》に見立《みた》てた石像《せきぞう》のオーダーがあったりします。サイズも大《おお》きなものから小《ちい》さなものまでさまざまですよ」

「そうですか。まだ、ハッキリとはしていない話《はなし》なのじゃが、その犬《いぬ》の石像《せきぞう》をこしらえてやりたいと思《おも》ってのぉ」

「さようでございますか」

その後《ご》、しばらく話《はなし》はつづき、じっちゃんは石材店《せきざいてん》を出《で》ることにしました。

「上村《うえむら》さん、お忙《いそが》しいところ、ありがとうございました。いろいろな人《ひと》と相談《そうだん》して、また来《き》ますわい」

そう言《い》い置《お》いて、じっちゃんは石材店《せきざいてん》のとびらを開《あ》けました。

「本日《ほんじつ》はありがとうございました。お気《き》をつけて……」

じっちゃんの背中《せなか》を見送《みおく》りながら、上村《うえむら》さんは、このおじいさんの夢《ゆめ》がかなうといいなぁと思《おも》っていました。

……

いよいよ、潮見小学校創立百三十周年《しおみしょうがっこうそうりつひゃくさんじゅっしゅうねん》にあたる、平成十七年度《へいせいじゅうななねんど》がやってきました。

さっそく、子《こ》どもたちで運営《うんえい》する児童会《じどうかい》が、記念行事《きねんぎょうじ》として取《と》り組《く》んでみたい「潮見小学校《しおみしょうがっこう》の歴史《れきし》を見《み》つめ直《なお》せるもの・大切《たいせつ》な宝物《たからもの》」のアンケートを各学級《かくがっきゅう》からとりました。そのなかに、「やさしい心《こころ》」を伝《つた》えるシンボルとして、上級生《じょうきゅうせい》から下《か》級生《きゅうせい》へと語《かた》り継《つ》がれてきた「ダンの物語《ものがたり》」も含《ふく》まれていました。

もちろん、「ダンの物語《ものがたり》」のモニュメントは、吉田先生《よしだせんせい》や松坂先生《まつざかせんせい》、PTA《ピーティーエー》、それに、じっちゃんの夢《ゆめ》でもありました。そんな多《おお》くの人《ひと》たちたちが描《えが》いていた夢《ゆめ》が、百三十周年《ひゃくさんじゅっしゅうねん》という節目《ふしめ》に実現《じつげん》する可能性《かのうせい》が出《で》てきたのです。

運動会《うんどうかい》や音楽会《おんがくかい》、餅《もち》つき大会《たいかい》、先輩《せんぱい》たちから話《はなし》を聞《き》く集会《しゅうかい》など、一年間《いちねんかん》をかけて百三十周年《ひゃくさんじゅっしゅうねん》をお祝《いわ》いする行事《ぎょうじ》が決《き》められていきました。そして、ついに「ダンの物語《ものがたり》」のモニュメントが建《た》てられることに決《き》まりました。

すると、この年《とし》の七月《しちがつ》には「ダンの物語《ものがたり》」のモニュメント製作実行委員会《せいさくじっこういいんかい》が作《つく》られました。そのメンバーは、校長先生《こうちょうせんせい》、教頭先生《きょうとうせんせい》、児童会担当《じどうかいたんとう》の先生《せんせい》、PTA《ピーティーエー》代表《だいひょう》、そして、じっちゃんです。この人《ひと》たちが集《あつ》まって「具体的《ぐたいてき》にモニュメントをどのようなものにするか」という第一回目《だいいっかいめ》の話《はな》し合《あ》いが、学校《がっこう》で行《おこな》われました。

「東京《とうきょう》・上野《うえの》の西郷隆盛《さいごうたかもり》と犬《いぬ》の銅像《どうぞう》のように、坂本《さかもと》さんとダンのモニュメントを作《つく》ったらどうでしょう」

そんな意見《いけん》に対《たい》して、じっちゃんは首《くび》を大《おお》きくふりました。

「ワシのものはいらないから、ダンのモニュメントを作《つく》ってやってほしいんじゃ。お願《ねが》いします。ダンも歳《とし》をとってきました。このまま老衰《ろうすい》してしまい、形《かたち》に残《のこ》らないのではかわいそうじゃ」

そのじっちゃんの意見《いけん》が尊重《そんちょう》されて、ダンのモニュメントだけを建《た》てることが決《き》まりました。

次《つぎ》に「モニュメントは銅像《どうぞう》で作《つく》るか、それとも石像《せきぞう》で作《つく》るか」という話《はな》し合《あ》いがなされました。

「とにかくモニュメントは永遠《えいえん》に残《のこ》るものです。ヒビが入《はい》ったり、地震《じしん》がきて倒《たお》れたりしてはいけません」

「それならば、銅像《どうぞう》で作《つく》ってはどうですか？」

「いやいや、銅像《どうぞう》は高価《こうか》です。石像《せきぞう》とはケタ違《ちが》いの費用《ひよう》がかかってしまいますよ」

「石《いし》には、子《こ》どもたちが親《した》しめる温《あたた》かいイメージがあります」

「それならば、丈夫《じょうぶ》な石《いし》で、ダンちゃんの実物《じつぶつ》の大《おお》きさに近《ちか》いものが作《つく》れたらいいと思《おも》います」

「となると、御影石《みかげいし》……。あの、いちばん硬《かた》い石《いし》をつかえばいいのではないでしょうか……」

そのような議論《ぎろん》が重《かさ》ねられ、ダンのモニュメントは石像《せきぞう》で作《つく》られることが決《き》まりました。そして、その石像《せきぞう》を作《つく》る石材店《せきざいてん》は、上村《うえむら》さんが働《はたら》くお店《みせ》にお願《ねが》いすることになりました。すると、上村《うえむら》さんもモニュメント製作実行委員《せいさくじっこういいん》のメンバーに加《くわ》わることになりました。

：　：

数日後《すうじつご》、じっちゃんは上村《うえむら》さんが働《はたら》いている石材店《せきざいてん》を訪《たず》ねました。

「お久《ひさ》しぶりです」

上村《うえむら》さんは、笑顔《えがお》でじっちゃんを迎《むか》え入《い》れました。

じっちゃんは、上村《うえむら》さんに「ダンのモニュメントへの想《おも》い」を語《かた》りました。

それを受《う》けて、上村《うえむら》さんも、じっちゃんに言《い》いました。

「ダンちゃんのモニュメントには、みなさんの想《おも》いがこめられているのが、よくわかりました。そのモニュメント作《づく》りのお手伝《てつだ》いをさせていただけることに、深《ふか》く感謝《かんしゃ》します。こういう機会《きかい》がなかったら、松山《まつやま》に住《す》んでいながらも、ダンちゃんの物語《ものがたり》を知《し》ることはありませんでした。それにしても、一年前《いちねんまえ》、坂本《さかもと》さんがふらっとこの店《みせ》に来《き》たときの想《おも》いと、小学校《しょうがっこう》の百三十周年記念《ひゃくさんじゅっしゅうねんきねん》が偶然《ぐうぜん》に重《かさ》なったんですね」

「そうよのぉ。学校《がっこう》そのものが百三十周年《ひゃくさんじゅっしゅうねん》ということで……。それじゃなかったらダンのことだけで、大勢《おおぜい》の人《ひと》が動《うご》いてくれることはなかったかもしれんのぉ」

「そんなことはありませんよ。やはり、戦争体験《せんそうたいけん》や命《いのち》の大切《たいせつ》さをいつも話《はな》されていた坂本《さかもと》さんのお気持《きも》ちが、子《こ》どもたちをはじめ、学校関係者《がっこうかんけいしゃ》の間《あいだ》に伝《つた》わっていったのだと思《おも》います。よかったですね」

「ワシも、こんなことになるとは夢《ゆめ》にも思《おも》っておらんかったんよ。うれしいことよのぉ。ほんとうに……」

「けれども、坂本《さかもと》さん。ほんとうにダンちゃんのモニュメントだけでいいのですか？」

「もちろんじゃ。ワシはいいから、ダンのために、立派《りっぱ》な石像《せきぞう》を作《つく》ってやってほしいんじゃ」

上村《うえむら》さんは、じっちゃんの「ダンへの愛情《あいじょう》」の強《つよ》さを感《かん》じていました。


……


それからも、モニュメント製作実行委員会《せいさくじっこういいんかい》は、何度《なんど》か学校《がっこう》で開《ひら》かれました。

実行委員会《じっこういいんかい》では、ダンのモニュメントを学校《がっこう》に置《お》くため、松山市《まつやまし》や教育委員会《きょういくいいんかい》に許可《きょか》をもらう手《て》つづきも進《すす》めていきました。

また、ダンの石像《せきぞう》を建《た》てるためにかかるお金《かね》は、大人《おとな》が出《だ》してしまうのでなく、児童《じどう》たちが募金活動《ぼきんかつどう》をして寄付金《きふきん》を集《あつ》めることにしました。それは、子《こ》どもたちが大人《おとな》になったとき、自分《じぶん》たちの子《こ》どもに「こうやって作《つく》ったんだよ」と話《はな》せるようになると考《かんが》えられたからです。

その後《ご》、子《こ》どもたちは、運動会《うんどうかい》などのイベントで募金活動《ぼきんかつどう》をしました。また、

ＰＴＡ《ピーティーエー》主催《しゅさい》のバザーに混《ま》じって募金《ぼきん》コーナーを作《つく》り、五年生《ごねんせい》は学校《がっこう》の田《た》んぼでとれたお米《こめ》を売《う》ったり、六年生《ろくねんせい》はダンのシールを作《つく》って募金《ぼきん》をしてくれた人《ひと》に手《て》わたしたりしました。

こうした募金活動《ぼきんかつどう》を知《し》った松山市民《まつやましみん》からは、「ダンちゃんのモニュメントを建《た》てるのに役立《やくだ》ててください」と寄付金《きふきん》が送《おく》られてくることもあったそうです。

目の見えない犬
ダン
募金箱

有名《ゆうめい》な犬《いぬ》の飼《か》い主《ぬし》はつらいよ

ダンのモニュメントを建《た》てる計画《けいかく》が進《すす》んでいるなか、坂本《さかもと》のじっちゃんとダンのもとに、「犬《いぬ》の言葉《ことば》を話《はな》すことができる」というアメリカの女《おんな》の人《ひと》が、テレビの取材《しゅざい》でやってきました。

じっちゃんは、その女《おんな》の人《ひと》にお願《ねが》いしました。

「ダンに聞《き》いてほしいことがあるんじゃ。ダンがワシに望《のぞ》んでいることはどんなことじゃろうか？」

女《おんな》の人《ひと》はダンに話《はな》しかけました。そして、ダンが望《のぞ》んでいるのは、かみなりがなっているとき、じっちゃんにそばにいてもらいたいことだと教《おし》えてくれました。

目《め》の見《み》えないダンにとって、かみなりの音《おと》はたえられないほど恐《おそ》ろしいものだったのかもしれません。

じっちゃんは、いつも、もの静《しず》かなダンが、かみなりのなるときだけ、よくないていたことを思《おも》い出《だ》しました。

――あのときのダンは、ワシを呼《よ》んでいたんじゃ。怖《こわ》かったんじゃなぁ……。

じっちゃんは、ますますダンのことが愛《いと》しく感《かん》じられてきました。

「ダン。かみなりがなるときは、ずっとおまえのそばにいるからな。生《い》きるも死《し》ぬも、おまえとずっといっしょじゃ」

この様子《ようす》はテレビで放映《ほうえい》され、多《おお》くの人《ひと》たちが見《み》ることになりました。

そして、そのテレビ番組《ばんぐみ》が放送《ほうそう》されてから最初《さいしょ》のかみなりが、松山市《まつやまし》の上空《じょうくう》でなりひびきました。

ゴロゴロッ、ゴロゴロッ、ゴロゴロゴロゴローッ
そのすごい音《おと》を合図《あいず》に、たたきつけるような大雨《おおあめ》が寝静《ねしず》まった町《まち》に降《ふ》りつづけま

した。

そのころ、ふとんの中《なか》で眠《ねむ》っていたじっちゃんは、外《そと》から聞《き》こえてくる犬《いぬ》のなき声《ごえ》で目《め》がさめました。

クゥ～～～ン、クゥ～～～ン
じっちゃんは、そのなき方《かた》がダンのものではないとわかりました。

――どこの犬《いぬ》じゃろうか？

あまりにも長《なが》くなきつづけるので、じっちゃんはかさを持《も》って外《そと》に出《で》て行《い》きました。

すると、犬小屋《いぬごや》のそばで、ダンよりも少《すこ》し大《おお》きな犬《いぬ》が、ぶるぶるとふるえながらうずくまっていました。よく見《み》ると、首輪《くびわ》をつけた真《ま》っ白《しろ》な犬《いぬ》です。

――これは、どこかの飼《か》い犬《いぬ》に違《ちが》いない……。

犬小屋《いぬごや》を取《と》り囲《かこ》む柵《さく》のとびらは、道路側《どうろがわ》に開《あ》かないようになっています。それは、なにかのはずみで開《あ》いてしまったら、自動車《じどうしゃ》や人《ひと》の通《とお》るのにじゃまになるからです。けれども、この夜《よる》の嵐《あらし》でとびらが外《そと》に開《あ》いてしまい、そこから迷《まよ》い犬《いぬ》がまぎれこんできてしまったらしいのです。おまけに、とびらが元《もと》のように閉《し》まっていて、この犬《いぬ》が外《そと》に出《で》られなくなっていました。

一方《いっぽう》、ダンは、犬小屋《いぬごや》の中《なか》で、かみなりがやむのをじっと待《ま》っています。

じっちゃんは、とびらを開《あ》けながら、迷《まよ》い犬《いぬ》に向《む》かって言《い》いました。

「おまえ、早《はや》く帰《かえ》らんと、家《いえ》のもんが心配《しんぱい》しておるぞ。ほれ、早《はや》く、帰《かえ》れ！」

その犬《いぬ》は柵《さく》の中《なか》から出《で》ていったものの、そばから離《はな》れずにうろうろしています。

――助《たす》けられたのがわかるのじゃろうか？　困《こま》ったときに出《だ》してもらったお礼《れい》が言《い》いたいのじゃろうかのぉ……。

迷《まよ》い犬《いぬ》は、とびらの向《む》こうから、じっちゃんを見《み》つめています。

「もうわかったから帰《かえ》れ！」

ところが、その犬《いぬ》は、まだ離《はな》れていきません。

「家《いえ》のものが心配《しんぱい》しよるじゃろうが……」

じっちゃんが強《つよ》く言《い》うと、その犬《いぬ》は体《からだ》の向《む》きをくるりと変《か》えて、雨《あめ》の中《なか》へと消《き》えていきました。


……


翌朝《よくあさ》、かみなり雲《ぐも》が流《なが》れ去《さ》った松山市《まつやまし》の上空《じょうくう》は、晴《は》れわたっていました。

この日《ひ》、じっちゃんは、いつも通《かよ》っている病院《びょういん》へ行《い》きました。

すると、待合室《まちあいしつ》では顔見知《かおみし》りの患者《かんじゃ》さんたちが、次々《つぎつぎ》に言葉《ことば》を浴《あ》びせてきました。

「坂本《さかもと》さん。昨日《きのう》、かみなりがなったでしょ。ダンのそばにいてあげたの？」

「テレビで言《い》っていたじゃない。『ダン。かみなりがなるときは、ずっとおまえのそばにいるからな』って……」

「テレビで言《い》っていたことは約束《やくそく》のようなものだから、守《まも》らなければいけませんよ」

じっちゃんは、答《こた》えに困《こま》ってしまいました。

「……」

そのとき、ひとりの女《おんな》の人《ひと》が言《い》いました。

「うちの娘《むすめ》が吉藤団地《よしふじだんち》のすぐそばに住《す》んでいるんです。それで、昨日《きのう》、かみなりがなり出《だ》したとき、『坂本《さかもと》さんがダンのところに行《い》くか確認《かくにん》してくる』と言《い》って、ダンの小屋《こや》を見《み》に行《い》ったんですよ。そうしたら……」

その場《ば》にいた人《ひと》たちは、その話《はなし》のつづきが知《し》りたくて、たまりません。

女《おんな》の人《ひと》は、話《はなし》をつづけました。

「……いたんですってね、坂本《さかもと》さん。娘《むすめ》は『私《わたし》は坂本《さかもと》さんがダンの犬小屋《いぬごや》のそばにいたところを、たしかにこの目《め》で見《み》たよ。もしも、かみなりがなったときにいなかったという人《ひと》がいたら、私《わたし》が証人《しょうにん》になるから……』と言《い》っていましたよ」

その場《ば》にいた人《ひと》は、みんな笑顔《えがお》になって、じっちゃんにやさしい視線《しせん》を送《おく》っていました。

じっちゃんは、ホッとしたと同時《どうじ》に、テレビで言《い》ってしまったことを少《すこ》しだけ後悔《こうかい》していました。

——いやぁ～～。ワシもかみなりは嫌《きら》いなんじゃ。この分《ぶん》じゃ、かみなりがなるたびに、ダンのそばにいてやらにゃあ、ならんわい。有名《ゆうめい》な犬《いぬ》の飼《か》い主《ぬし》はつらいのぉ～～。

生《い》きているうちに記念碑《きねんひ》を作《つく》る意味《いみ》

平成十七年八月《へいせいじゅうななねんはちがつ》、上村《うえむら》さんが働《はたら》く石材店《せきざいてん》では、いよいよダンのモニュメント作《づく》りが始《はじ》まろうとしていました。

本物《ほんもの》に似《に》せた自然《しぜん》なモニュメントを作《つく》るため、上村《うえむら》さんは吉藤団地《よしふじだんち》に足《あし》を運《はこ》んで、実物《じつぶつ》のダンの表情《ひょうじょう》・大《おお》きさ・体《からだ》つきなどを観察《かんさつ》しました。そして、石像《せきぞう》を作《つく》る工場《こうじょう》へダンの写真《しゃしん》や本《ほん》を持《も》って行《い》き、職人《しょくにん》さんたちに伝《つた》えました。

「今度《こんど》、作《つく》ることになった石像《せきぞう》には、いろいろな人《ひと》たちの想《おも》いが、いっぱいつまっています。どうか、そんな想《おも》いにあふれた、温《あたた》かみややさしさに満《み》ちた石像《せきぞう》に仕上《しあ》げてください。よろしくお願《ねが》いします」

ダンの石像《せきぞう》が乗《の》せられる予定《よてい》の台座《だいざ》は四角《しかく》に近《ちか》い形《かたち》をしているので、ある程度《ていど》、機械《きかい》で作《つく》ることができます。けれども、石像《せきぞう》は手作業《てさぎょう》になるため、かなりの日数《にっすう》がかかります。それでも、職人《しょくにん》さんたちは、子《こ》どもたちの想《おも》い出《で》として残《のこ》る仕事《しごと》へのやりがいを感《かん》じていました。

「おぉ、まかしとけよ！　今《いま》の子《こ》どもが親《おや》になって、その石像《せきぞう》を自分《じぶん》たちが集《あつ》めた募金《ぼきん》で建《た》てたなんていう話《はなし》ができるのは、きっとうれしいことだろうよ」

「その石像《せきぞう》をおれたちがこしらえるんだ。一生懸命《いっしょうけんめい》にこしらえるぞ！」

職人《しょくにん》さんたちは、気持《きも》ちを固《かた》めました。そして、子《こ》どもたちの喜《よろこ》ぶ顔《かお》を想像《そうぞう》しながら、石《いし》のかたまりに向《む》き合《あ》い、汗《あせ》を流《なが》しつづけました。

こうして、ダンの石像《せきぞう》が形《かたち》づけられてくると、工場《こうじょう》のそばに住《す》む人《ひと》たちからは「ダンちゃん、死《し》んでしまったの？」とたずねられることがありました。

そのたびに上村《うえむら》さんは、こう説明《せつめい》しました。

「そんなことはないんですよ。ぼくらも、モニュメントや記念像《きねんぞう》は、亡《な》くなってから建《た》てるイメージが強《つよ》かったのですが、少《すく》なくとも、この石像《せきぞう》は、ダンちゃんが生《い》きているうちに作《つく》ることに意義《いぎ》があるんですよ。というのも、亡《な》くなってからだと、悲《かな》しみの気《き》持《も》ちが強《つよ》くなってしまい、モニュメント作《づく》りに踏《ふ》みこめないこともあるんですよ」

上村《うえむら》さんは、ダンの石像《せきぞう》が完成《かんせい》したときの、じっちゃんの喜《よろこ》ぶ顔《かお》を想像《そうぞう》しながら、石像作《せきぞうづく》りに取《と》り組《く》んでいました。

一方《いっぽう》、モニュメント製作実行委員会《せいさくじっこういいんかい》は、「モニュメント除幕式《じょまくしき》」を、この年《とし》の十一月四日《じゅういちがつよっか》に行《おこな》うことに決《き》めました。

また、このころ、実行委員会《じっこういいんかい》では、モニュメントの置《お》き場所《ばしょ》についての、最終的《さいしゅうてき》な話《はな》し合《あ》いが持《も》たれていました。

「モニュメントの置《お》き場所《ばしょ》ですが、室内《しつない》と屋外《おくがい》、どちらがいいでしょうか？」

「本物《ほんもの》のダンは柵《さく》の外《そと》に出《で》られないけれど、その代《か》わりモニュメントは、毎日《まいにち》、子《こ》ども会《あ》える場所《ばしょ》にしましょうよ」

「となると、多《おお》くの人《ひと》が見《み》ることができる屋外《おくがい》がいいでしょう」

「ちょうど校門《こうもん》から入《はい》って、特別教室《とくべつきょうしつ》に行《い》く場所《ばしょ》はどうでしょうか？」

「あそこなら、子《こ》どもたちが、いつも見《み》ることができますね」

「それと、台座《だいざ》は一年生《いちねんせい》も手《て》が届《とど》いて、成長《せいちょう》していくにつれて、石像《せきぞう》をなでられるような高《たか》さがいいですね」

こうしてモニュメントを置《お》く場所《ばしょ》や台座《だいざ》の高《たか》さが決《き》められていきました。

また、九月《くがつ》から十月《じゅうがつ》にかけて、台座《だいざ》に刻《きざ》みこむ言葉《ことば》が考《かんが》えられていきました。台座《だいざ》に刻《きざ》む文字《もじ》は、掘《ほ》りこんだら永遠《えいえん》に残《のこ》るものです。その数《かず》が多《おお》くなりすぎると文字《もじ》が小《ちい》さくなって見《み》えにくくなります。かといって少《すく》なすぎるのもおかしなものです。そこで、実行委員会《じっこういいんかい》で刻《きざ》む文字《もじ》のバランスを考《かんが》えぬかれた末《すえ》、このような言葉《ことば》が、台座《だいざ》の両脇《りょうわき》に掘《ほ》りこまれることになりました。

《「目《め》の見《み》えない犬《いぬ》ダン」への優《やさ》しい心《こころ》を、本校《ほんこう》の心《こころ》の教育《きょういく》の柱《はしら》とし、ここに創立《そうりつ》百三十周年《ひゃくさんじゅっしゅうねん》の記念碑《きねんひ》とする。／平成十七年十一月吉日《へいせいじゅうななねんじゅういちがつきちじつ》》

《「目《め》の見《み》えない人《ひと》は、盲導犬《もうどうけん》のお世話《せわ》になるのに、目《め》の見《み》えない犬《いぬ》は捨《す》てられるの？」／平成五年《へいせいごねん》の夏《なつ》、目《め》の見《み》えない犬《いぬ》「ダン」を拾《ひろ》った幼《おさな》い二人《ふたり》の少女《しょうじょ》（石井《いしい》希《のぞみ》さん、久保田《くぼた》　望《のぞみ》さん）は訴《うった》えた。／自治会長《じちかいちょう》の坂本義一《さかもとよしかず》さんの協力《きょうりょく》を得《え》て、団地《だんち》のきまりを乗《の》り越《こ》え、ダンは吉藤団地《よしふじだんち》で飼《か》われることとなった。私《わたし》たちは、ダンを支《ささ》えた人《ひと》たちの温《あたた》かい心《こころ》を、これからも大切《たいせつ》に受《う》け継《つ》いでいきたい。》

　これで、台座《だいざ》の部分《ぶぶん》は完成《かんせい》しました。

　そして、十月中旬《じゅうがつちゅうじゅん》には台座《だいざ》が潮見小学校《しおみしょうがっこう》に設置《せっち》されました。

　その後《ご》、ダンの石像《せきぞう》も完成《かんせい》し、十月三十一日《じゅうがつさんじゅういちにち》に台座《だいざ》の上《うえ》に組《く》み立《た》てられ、白《しろ》い布《ぬの》がかぶされました。

　こうして、十一月四日《じゅういちがつよっか》の除幕式《じょまくしき》を待《ま》つばかりとなったのです。

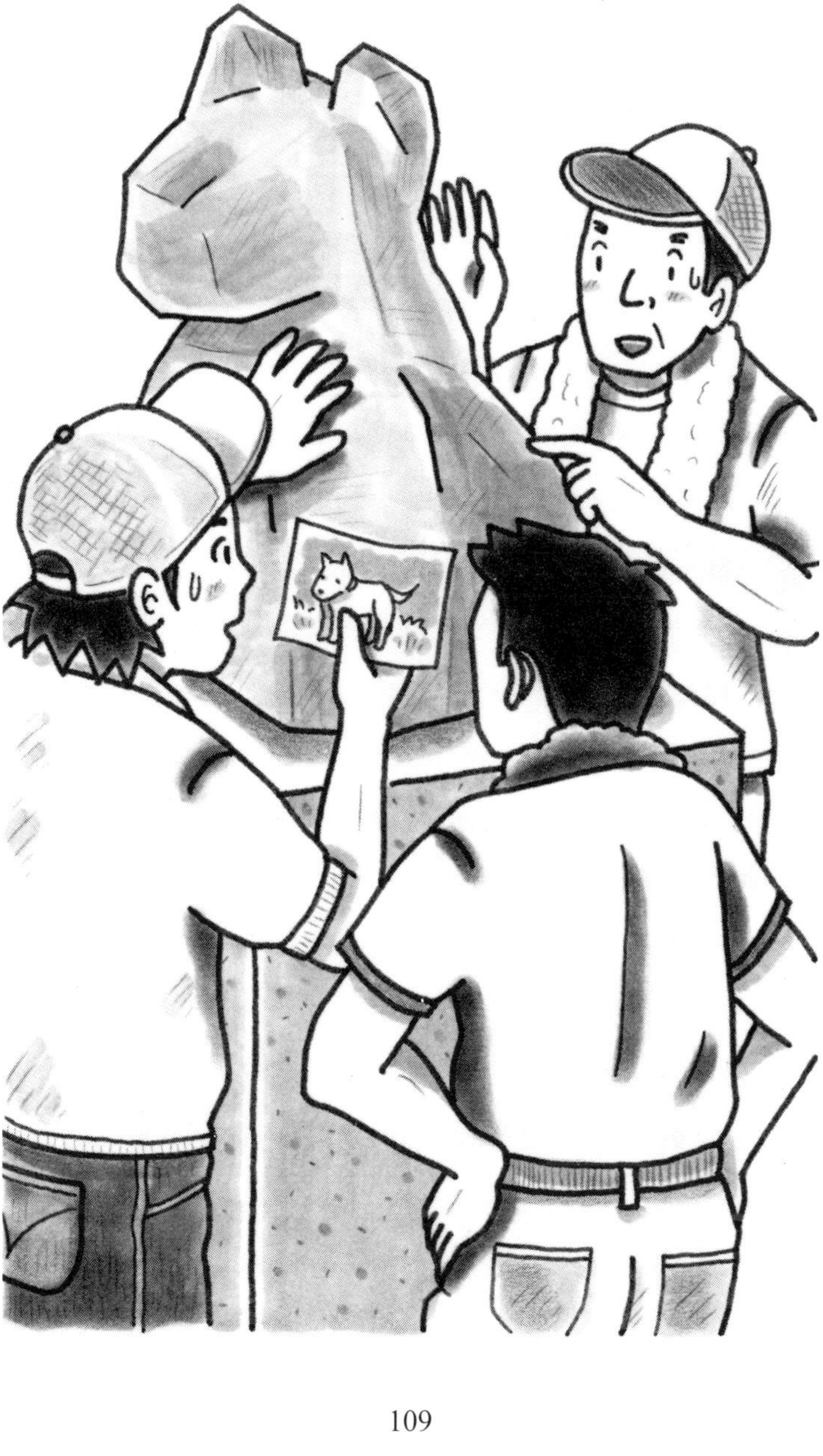

やっかいものの恩返《おんがえ》し

「ダンの物語《ものがたり》」は新聞《しんぶん》やテレビで紹介《しょうかい》され、本《ほん》にもなってひとり歩《ある》きをはじめてきました。そして、今回《こんかい》、モニュメントとなって、その物語《ものがたり》を「忠犬《ちゅうけん》ハチ公《こう》」や「南極観測《なんきょくかんそく》の樺太犬《からふとけん》タロ・ジロ」のように、より多《おお》くの人《ひと》が語《かた》り継《つ》いでいくことでしょう。

そんな「物語《ものがたり》のダン」に対《たい》して、「現実《げんじつ》のダン」は一匹《いっぴき》の犬《いぬ》として、団地《だんち》の一角《いっかく》で生《い》きつづけていました。

この「現実《げんじつ》のダン」を、いつも冷静《れいせい》な目《め》で見守《みまも》っているのが「坊《ぼ》っちゃん動物《どうぶつ》病院《びょういん》」の吉沢直樹先生《よしざわなおきせんせい》です。

モニュメントを作《つく》ることが決《き》まったころ、吉沢先生《よしざわせんせい》は、予防注射《よぼうちゅうしゃ》をするため、吉藤団地《よしふじだんち》にやってきました。ダンの小屋《こや》の前《まえ》では、今年《ことし》も同《おな》じように坂本《さかもと》のじっちゃんが、先生《せんせい》を待《ま》っていました。

「先生《せんせい》。お忙《いそが》しいのに、わざわざ来《き》てくれて、すまんのぉ」

「いいえ、坂本《さかもと》さん。いつものことじゃないですか。それより、今度《こんど》、ダンは石像《せきぞう》になるんですってね」

「あぁ、そうなんじゃ。ありがたいことでのぉ。潮見小学校《しおみしょうがっこう》が百三十周年《ひゃくさんじゅっしゅうねん》ということで、学校《がっこう》で飼《か》われていた犬《いぬ》でもないのに、ＰＴＡ《ピーティーエー》はじめ学校関係者《がっこうかんけいしゃ》が動《うご》いてくれたんじゃ。そのおかげで、とんとん拍子《びょうし》に話《はなし》が決《き》まったんじゃ。こんなこと、ワシがなんぼ逆立《さかだ》ちしても、できるもんではないんよ。うれしいことよのぉ」

「人《ひと》を助《たす》けた犬《いぬ》ではない。逆《ぎゃく》に、助《たす》けられた犬《いぬ》がモニュメントになることに価値《かち》があると思《おも》います。ダンのモニュメントは、坂本《さかもと》さんたちのやさしさのシンボルですから……」

「ほんとうにのぉ。忠犬《ちゅうけん》ハチ公《こう》や南極《なんきょく》のタロ・ジロにしても、主人《しゅじん》の帰《かえ》る日《ひ》を待《ま》っていたという、尽《つ》くす犬《いぬ》じゃ。でもダンは、その反対《はんたい》なんじゃ。子《こ》どもたちが犬《いぬ》の命《いのち》を守《まも》るために頑張《がんば》ったという話《はなし》でのぉ。一連《いちれん》の〈ダンの物語《ものがたり》〉の動《うご》きは、あの犬《いぬ》のためにいい方向《ほうこう》に風《かぜ》が吹《ふ》き、次《つぎ》の追《お》い風《かぜ》がどんどんと吹《ふ》きつづけてくれたような感《かん》じじゃわい」

「〈ダンの物語《ものがたり》〉が、ここまで多《おお》くの人《ひと》に広《ひろ》がっていったのは、坂本《さかもと》さんのダンへの想《おも》いを、みなさんが感《かん》じ取《と》ったからですよ」

「そうかのぉ。ワシも、そう遠《とお》い時間《じかん》でなく、もうすぐ天国《てんごく》とやらに旅立《たびだ》たなければいかんでのぉ。ダンの話《はなし》は、あの世《よ》へのいいみやげ話《ばなし》じゃ。ところが、うちのばあさんをはじめ『まだ天国《てんごく》へ行《い》くな！』という声《こえ》が多《おお》くて、なかなか行《い》かれんのよ」

「そうですよ。坂本《さかもと》さんには、いつまでも長生《ながい》きしてもらわなければ困《こま》ります。それにしても、ダンは歳《とし》をとってきています。ひところの力強《ちからづよ》さがなくなって、少《すこ》しずつ体力《たいりょく》が弱《よわ》ってきているのはたしかです」

「やせてきているしのぉ。しっぽの骨《ほね》なんか見《み》えてきてしまっておる」

「ダンは一時期《いちじき》十六《じゅうろく》キロくらいあったんです。でも、このごろは十三《じゅうさん》キロまで落《お》ちてきています」

「ワシと、どっちが歳《とし》をとっているんじゃろうか?」

「現在《げんざい》、ダンは十二歳《じゅうにさい》。犬《いぬ》の年齢《ねんれい》で言《い》うと七十歳《ななじゅっさい》から八十歳《はちじゅっさい》です。だから、現在《げんざい》、八十四歳《はちじゅうよんさい》の坂本《さかもと》さんのほうが年上《としうえ》ですけれど、少《すこ》しずつ追《お》いつかれてきていますよ」

「この団地《だんち》にやってきたときは、孫《まご》のような存在《そんざい》じゃったダンが、いつの間《ま》にか息子《むすこ》のようになり、今《いま》ではワシの友人《ゆうじん》じゃな」

「でも、歳《とし》をとってよかったこともあります。若《わか》かったころのダンは、目《め》が見《み》えないぶん、警戒心《けいかいしん》が強《つよ》くて、怖《こわ》がりでした。ダンを見学《けんがく》に来《き》た人《ひと》が危険《きけん》だから『柵《さく》の中《なか》に手《て》を出《だ》さないようにしてください』という看板《かんばん》をかけようとした時期《じき》もありましたよね。けれども、最近《さいきん》は人間《にんげん》に対《たい》する態度《たいど》もやわらかくなってきました。毎日《まいにち》、坂本《さかもと》さんが声《こえ》をかけてあげているからですよ」

「若《わか》かったころのダンは、簡単《かんたん》に薬《くすり》ものませられなかったからのぉ」

「そうでした。あのころのダンは、フィラリアの予防薬《よぼうやく》をのんでくれなかったので、食《た》べ物《もの》に混《ま》ぜていましたよね。けれども、それはカラスやハトが薬《くすり》ごとつついて食《た》べていたことが、ずいぶんと後《あと》になってからわかりましたよね」

「アハハハハッ。そんなことがあったわい。あのときは、てっきりダンが薬《くすり》を食《た》べ物《もの》といっしょに、飲《の》みこんでくれたものとばかり思《おも》っていたわい」

「そんなご苦労《くろう》をなさって、坂本《さかもと》さんがダンの飼《か》い主《ぬし》になったのも、女《おんな》の子《こ》たちのやさしい言葉《ことば》に感動《かんどう》したからだと思《おも》うんです。その感動《かんどう》を引《ひ》きずってダンを団地《だんち》で預《あず》かり、飼《か》い主《ぬし》になった……」

「やってきたときは、ほんとうに手《て》を焼《や》いたからのぉ。やっかいものを拾《ひろ》ってきてからにと思《おも》っておったんじゃが、いつの間《ま》にか、愛情《あいじょう》というのがわいてくるわい」

「あのまま捨《す》て場所《ばしょ》に戻《もど》されていたら、ダンは、どうなっていたでしょうね。ほとんどの捨《す》て犬《いぬ》は野良犬《のらいぬ》になってつかまって抑留所《よくりゅうじょ》に入《い》れられます。そして、ある程度《ていど》日《ひ》にちがたったら、殺処分《さつしょぶん》されてしまいます。そんな状況《じょうきょう》のなかで、目《め》が見《み》えなくて、警戒心《けいかいしん》が強《つよ》い捨《す》て犬《いぬ》が、幸福《こうふく》になるケースは極《きわ》めて少《すく》ないはずです。ダンが、こんなに幸《しあわ》せになったのは、やっぱり坂本《さかもと》さんの愛情《あいじょう》ですよ」

「いやいや、ワシは、なんもえらいことないんよ。ただ、ダンの場合《ばあい》は、巣《す》から落《お》ちたヒナ鳥《どり》を育《そだ》てて空《そら》に帰《かえ》すのとわけが違《ちが》ったのじゃ。あのときのダンは、鳥《とり》のように放《ほお》り出《だ》せない、目《め》の見《み》えない子犬《こいぬ》じゃったんじゃ」

「そうでしたね」

「しかし、その子犬《こいぬ》のおかげで、こんなに充実《じゅうじつ》した老後《ろうご》を送《おく》らせてもらっておるんじゃ。やっかいものの恩返《おんがえ》しじゃろうかのぉ。涙《なみだ》が出《で》るのぉ。ダンからの恩恵《おんけい》をいちばん受《う》けたのは、ワシじゃ。現在《げんざい》も、みなさんが会《あ》いにきてくれる。普通《ふつう》は自分《じぶん》から頼《たの》んでも会《あ》いにきてくれることはないんじゃがのぉ。うれしいことよのぉ。ダンには心《こころ》の底《そこ》から『だんだん（＝ありがとう）』と言《い》いたいわい」

「そのダンにとって、坂本《さかもと》さんがそばにいてくれることが、いちばん幸《しあわ》せなことなんですよ。坂本《さかもと》さんの体調《たいちょう》が悪《わる》くなったら、誰《だれ》が警戒心《けいかいしん》の強《つよ》いダンをなでてやったり、そばにおいてやったりできるんですか。そして、ダンの面倒《めんどう》をみることが、坂本《さかもと》さんの生《い》きていくパワーになっているのだとも思《おも》いますよ。お互《たが》いが必要《ひつよう》とされている者同士《ものどうし》です。〝ふたり〟のつき合《あ》いが、これからも長《なが》くつづくことを祈《いの》っています」

吉沢先生《よしざわせんせい》のダンへの注射《ちゅうしゃ》が終《お》わりました。

「吉沢先生《よしざわせんせい》、ありがとうございました」

「では、坂本《さかもと》さん。午後《ごご》の診察《しんさつ》がありますので、ぼくは病院《びょういん》へ戻《もど》ります。それでは、また……」

吉藤団地《よしふじだんち》の帰《かえ》りがけ、吉沢先生《よしざわせんせい》は思《おも》っていました。

――ペットを飼《か》ってはいけないというルールを超《こ》えて、団地《だんち》の人《ひと》たちを説得《せっとく》して回《まわ》ったのは、ものを発明《はつめい》するような頭《あたま》のやわらかさを持《も》っている人《ひと》でないとできなかっただろう。ダンは坂本《さかもと》さんにめぐり会《あ》ったからこそ、今《いま》の幸《しあわ》せにつながったんだなぁ……。

もう一つ《ひと》のモニュメント

さて、平成十七年十一月四日《へいせいじゅうななねんじゅういちがつよっか》、モニュメント除幕式《じょまくしき》の日《ひ》――。潮見小学校《しおみしょうがっこう》の校門《こうもん》の前《まえ》にたたずんでいるおじいさん、つまり、坂本《さかもと》のじっちゃんが、校庭《こうてい》の中《なか》に足《あし》を踏《ふ》み入《い》れました。

モニュメント除幕式《じょまくしき》の始《はじ》まりです。

校庭《こうてい》では全校児童《ぜんこうじどう》が学年《がくねん》ごとに列《れつ》を作《つく》り、地面《じめん》に座《すわ》って待《ま》っていました。その児童《じどう》たちの周《まわ》りにはテレビカメラを抱《かか》えたカメラマンやメモ帳《ちょう》を持《も》った新聞記者《しんぶんきしゃ》がいます。そして、お客《きゃく》さんの席《せき》には、じっちゃん・吉田先生《よしだせんせい》・上村《うえむら》さんたちの顔《かお》があります。

子《こ》どもたちの視線《しせん》は、白《しろ》い布《ぬの》をかけられたダンのモニュメントを見《み》つめています。

そんななか、児童《じどう》による吹奏楽《すいそうがく》の演奏《えんそう》が始《はじ》まりました。

その演奏《えんそう》が終《お》わると、ひとりの児童《じどう》が大《おお》きな声《こえ》で言《い》いました。

「ただいまから、目《め》の見《み》えない犬《いぬ》ダンの記念《きねん》モニュメント除幕式《じょまくしき》を行《おこな》います」

すると、一年生全員《いちねんせいぜんいん》がかけ声《ごえ》をあげました。

「ダンちゃん‼」

その声《こえ》を合図《あいず》に、モニュメントのそばに立《た》っていた各学年代表《かくがくねんだいひょう》の児童《じどう》が、いっせいに握《にぎ》っていたロープを引《ひ》っぱりました。すると、白《しろ》い布《ぬの》がするすると落《お》ちていき、空《そら》を見上《みあ》げているようなダンのモニュメントが少《すこ》しずつ姿《すがた》を現《あらわ》してきました。

布《ぬの》が落《お》ちていく瞬間《しゅんかん》、その場《ば》にいた人《ひと》たちから、大《おお》きな拍手《はくしゅ》が起《お》こりました。

その様子《ようす》を見《み》ていた関係者《かんけいしゃ》たちの胸《むね》に、それぞれの感情《かんじょう》がわき上《あ》がってきました。

お客《きゃく》さんの席《せき》にいた吉田先生《よしだせんせい》の心《こころ》の中《なか》は、ついに「潮見《しおみ》の誇《ほこ》り」が完成《かんせい》したんだ、という喜《よろこ》びでいっぱいでした。

――「思《おも》いやりの心《こころ》」や「命《いのち》を大切《たいせつ》にする気持《きも》ち」を育《そだ》てるシンボルが、ついに完成《かんせい》したんだ。温《あたた》かくてかわいい感《かん》じのモニュメントだなぁ。やさしい雰囲気《ふんいき》が出《で》ているじゃない。ダンちゃん、子《こ》どもたちのそばにいることができて幸《しあわ》せだね。これで、毎日《まいにち》、子《こ》どもたちとお話《はなし》ができるね……。

同《おな》じお客《きゃく》さんの席《せき》にいた上村《うえむら》さんは、一《ひと》つの仕事《しごと》をなしとげた大《おお》きな喜《よろこ》びを感《かん》じていました。

――坂本《さかもと》さん、おめでとうございます。これで、あなたの想《おも》いが永遠《えいえん》に残《のこ》っていくんですね。それと同時《どうじ》に「坂本《さかもと》さんの夢《ゆめ》をかなえる」という、ぼくの夢《ゆめ》もかないました。このモニュメントは、これから多《おお》くの人《ひと》の目《め》にふれることでしょう。そして、この石像《せきぞう》を見《み》た人《ひと》たちが「こういう物語《ものがたり》があったんだよ」と多《おお》くの人《ひと》に伝《つた》えていくことでしょう。こんなにすばらしいモニュメント作《づく》りに関《かか》われたことは、ぼくの人生《じんせい》の大《おお》きな想《おも》い出《で》になりました。ほんとうに感謝《かんしゃ》しています……。

ダンの石像《せきぞう》の姿《すがた》が完全《かんぜん》に現《あらわ》れたあと、児童会長《じどうかいちょう》や松山市長《まつやましちょう》、校長先生《こうちょうせんせい》のスピーチが行《おこな》われて、「モニュメント除幕式《じょまくしき》」は終了《しゅうりょう》しました。

つづいてお客《きゃく》さんと全校児童《ぜんこうじどう》は体育館《たいいくかん》に移動《いどう》しました。

その間《あいだ》、じっちゃんは、たくさんのテレビカメラや取材記者《しゅざいきしゃ》に囲《かこ》まれながら、話《はな》しはじめました。

「しゃべると涙《なみだ》が出《で》そうです。ダンは歳《とし》をとったせいか、普段《ふだん》、私《わたし》が『ダン、おいで』と呼《よ》んでも犬小屋《いぬごや》から出《で》てこないんです。それが、この日《ひ》のことがわかるのじゃろうかね、今朝《けさ》は犬小屋《いぬごや》から早《はや》く出《で》て、私《わたし》を待《ま》っておりました。それは、『ありがとう、とみなさんにお礼《れい》を言《い》ってほしい』ということだと思《おも》います。みなさんの温《あたた》かい気持《きも》ちが、このような形《かたち》になりました。ほんとうに、ありがとうございました。残《のこ》りの人生《じんせい》、ダンといっしょに生《い》きていきます」

……

「モニュメント除幕式《じょまくしき》」につづいて、体育館《たいいくかん》では「ダンちゃんおめでとう集会《しゅうかい》」が始《はじ》まりました。

そして、「児童代表《じどうだいひょう》の言葉《ことば》」や「ダンの紙芝居《かみしばい》」などがプログラム通《どお》り終《お》わった後《あと》、壇上《だんじょう》では児童《じどう》たちから、じっちゃんとダンへ、お祝《いわ》いのペンダントが手《て》わたされました。

じっちゃんはお礼《れい》の言葉《ことば》を話《はな》しはじめました。

「こんにちは。本日《ほんじつ》はほんとうに天候《てんこう》にも恵《めぐ》まれまして、ダンも私《わたし》も、一世一代《いっせいいちだい》の、というのは生《う》まれてから死《し》ぬまでのことですが、いちばんうれしい日《ひ》になりました。みなさまからの温《あたた》かい気持《きも》ちをいただきまして、誠《まこと》にありがとうございます。でも、目《め》の見《み》えない犬《いぬ》ダンも、ワシもなんにもえらいことはないんですよ。えらいのはみなさんじゃ。こうして地域《ちいき》の人《ひと》たちが、ダンという一匹《いっぴき》の目《め》の見《み》えない犬《いぬ》のために、

子《こ》どもたちの前《まえ》であいさつをするじっちゃん

温《あたた》かい心《こころ》を持《も》って接《せっ》してくれたから、この日《ひ》を迎《むか》えられたんです。早《はや》い話《はなし》、ワシが頑張《がんば》ったことはないんよ。子《こ》どもたちが、いつのまにか、『ダン、ダン』と言《い》うて大事《だいじ》にしてくれるようになって、これがつづいてきた。団地《だんち》の住人《じゅうにん》や地域《ちいき》の人《ひと》たちが応援《おうえん》してくれなかったら、どうにもならなかった話《はなし》です。みなさんが理《り》解《かい》して応援《おうえん》してくれたから、こういう形《かたち》になっていったんです。

　ワシはね、誠《まこと》に不幸《ふこう》な時代《じだい》に生《う》まれてね……。戦争《せんそう》というものの真《ま》っ只中《ただなか》にいました。戦争《せんそう》とはなにか？　人《ひと》と人《ひと》が殺《ころ》し合《あ》うんじゃ。ひとりでも多《おお》く殺《ころ》したら、その人《ひと》はえらいという教育《きょういく》を受《う》け、多《おお》くの人《ひと》と殺《ころ》し合《あ》いをしました。ほんとうに悲《かな》しい出来事《できごと》です。

しかし、みなさんは、手《て》のひらにのるような子犬《こいぬ》の命《いのち》を支《ささ》えてくれたやさしい心《こころ》を持《も》っています。これが、尊《とうと》い。やがて、みなさんも大《おお》きくなり、結婚《けっこん》されて、子《こ》どもさんも生《う》まれるでしょう。今《いま》の、やさしい気持《きも》ちをね、いつまでも、いつまでも持《も》ちつづけてください。それがね、みなさんの大《おお》きな、大《おお》きな誇《ほこ》りです。このダンのお話《はなし》は、日本中《にほんじゅう》、世界中《せかいじゅう》、どこに行《い》っても、『ぼくの、私《わたし》の生《う》まれ故郷《こきょう》では、こんなことがあったんだよ』と大《おお》きな声《こえ》をあげて、伝《つた》えていってください。

今日《きょう》、ワシは笑《わら》って、みなさんにお礼《れい》を申《もう》したいと思《おも》っておりましたが、いざ、ここに上《あ》がってみましたらね、胸《むね》がいっぱいになり、涙《なみだ》が出《で》てきそうです。今日《きょう》はね、ダン、じっちゃんにとって、最高《さいこう》にうれしい日《ひ》でした。こういう日《ひ》を作《つく》ってくれたみなさんにね、ただ、ありがとう、ありがとう、としか、お礼《れい》を申《もう》せませんけれど、今後《こんご》ともよろしくお願《ねが》いいたします。どうも、ありがとうございました」

この場《ば》にいた誰《だれ》もが、惜《お》しみない大《おお》きな拍手《はくしゅ》をじっちゃんに送《おく》りました。

すべてのプログラムが終了《しゅうりょう》し、拍手《はくしゅ》のなか、じっちゃんが壇上《だんじょう》から降《お》りると、ひとりの男《おとこ》の人《ひと》が大声《おおごえ》でさけびました。

「坂本《さかもと》さん、今日《きょう》はおめでとうございます！　これからもダンちゃんのお世話《せわ》、どうぞよろしくお願《ねが》いします。坂本《さかもと》さんも、お体《からだ》に気《き》をつけてくださいね。私《わたし》たちもときどき、ダンちゃんに会《あ》いに行《い》きますので、よろしくお願《ねが》いします」

この言葉《ことば》を言《い》ったのは、団地《だんち》のそばでくらす、じっちゃんの知《し》り合《あ》いの岡直義《おかなおよし》さんでした。この言葉《ことば》はプログラムにない、岡《おか》さんの胸《むね》にこみ上《あ》げてきた想《おも》いでした。

こうして、「ダンちゃんおめでとう集会《しゅうかい》」が終《お》わり、じっちゃんとお客《きゃく》さんは、体育館《たいいくかん》から退場《たいじょう》していきました。

そのころ、職場《しょくば》の会議《かいぎ》で「モニュメント除幕式《じょまくしき》」に出席《しゅっせき》できなかった松坂先生《まつざかせんせい》は、窓《まど》の外《そと》を見《み》て思《おも》っていました。

——今《いま》ごろ、潮見小学校《しおみしょうがっこう》では、除幕式《じょまくしき》や集会《しゅうかい》が無事《ぶじ》に終《お》わったはずだわ。坂本《さかもと》さん、おめでとう。きっと、坂本《さかもと》さんは、戦争《せんそう》などのつらい体験《たいけん》をしながらも、いつの時代《じだい》も、周《まわ》りを懸命《けんめい》に照《て》らしながら生《い》きてきたのでしょうね。そのすばらしい一瞬《いっしゅん》、一瞬《いっしゅん》が、少《すこ》しでも長《なが》くつづくよう、お元気《げんき》でいてください。それから、ダンちゃん。真《ま》っ白《しろ》で男前《おとこまえ》のあなたの姿《すがた》が永遠《えいえん》に残《のこ》ることになって、うれしいよ。元気《げんき》で長生《ながい》きするんだよ……。

また、体育館《たいいくかん》を出《で》た吉田先生《よしだせんせい》は、じっちゃんと喜《よろこ》びを分《わ》かち合《あ》っていました。

「坂本《さかもと》さんが、一生懸命《いっしょうけんめい》にダンの世話《せわ》をしてくれたから、この日《ひ》を迎《むか》えることができたのよ。子《こ》どもたちが犬《いぬ》を助《たす》けて大《おお》きなきっかけをつくったけれども、結局《けっきょく》、地域《ちいき》の人《ひと》たちが、坂本《さかもと》さんの人徳《じんとく》に感動《かんどう》して、モニュメントの完成《かんせい》につながったんだからね。いつまでも元気《げんき》でいてもらわないと困《こま》るよ」

じっちゃんは、吉田先生《よしだせんせい》の言葉《ことば》に感謝《かんしゃ》していました。

「吉田先生《よしだせんせい》、ありがとう。ほんとうに、ワシを男《おとこ》にしてくれたのは、ダンや。あの犬《いぬ》のおかげで……。まさか、あの犬《いぬ》がやってきたとき、こんな日《ひ》がやってくるとは、夢《ゆめ》にも思《おも》わんかったわい」

じっちゃんと別《わか》れ、勤務先《きんむさき》の学校《がっこう》に行《い》く途中《とちゅう》、吉田先生《よしだせんせい》は思《おも》っていました。

――「ダンの物語《ものがたり》」は、忘《わす》れることのできない潮見小学校《しおみしょうがっこう》での最大《さいだい》の想《おも》い出《で》であり、人生《じんせい》で最高《さいこう》の宝物《たからもの》……。ダンとめぐり会《あ》ったのが坂本《さかもと》さんだからこそ、こういう一《ひと》つの「愛《あい》の物語《ものがたり》」になったんだね。子《こ》どもが相談《そうだん》にいったのが坂本《さかもと》さんだった偶然《ぐうぜん》、坂本《さかもと》さんが自治会長《じちかいちょう》だった偶然《ぐうぜん》、団地《だんち》のみなさん・松山市《まつやまし》が団地《だんち》で面倒《めんどう》みることを認《みと》めてくれた偶然《ぐうぜん》、犬小屋《いぬごや》を置《お》ける二十畳《にじゅうじょう》のスペースがあった偶然《ぐうぜん》……。そんないくつかの偶然《ぐうぜん》と子《こ》どもたちが投《な》げかけた言葉《ことば》が、いい意味《いみ》の大《おお》きな波紋《はもん》を呼《よ》んでいった。それにしても、坂本《さかもと》さんが元気《げんき》なうちに、モニュメントを見《み》せてあげることができてうれしいよ。最初《さいしょ》は、上野《うえの》の西郷《さいごう》さんみたいに〝ふたり〟が並《なら》んだモニュメントにする話《はなし》もあったんだってね。きっと、坂本《さかもと》さんは謙虚《けんきょ》な人《ひと》だから、自分《じぶん》のモニュメントはいらないと辞退《じたい》したんだろうね。でもね、私《わたし》には見《み》えているからね。ダンのモニュメントのとなりに並《なら》んでいる、坂本《さかもと》さんの姿《すがた》を……。

……

たしかにモニュメントになったのはダンだけでした。けれども、まぶたを開《ひら》いて、ダンのモニュメントを見《み》た人《ひと》が、そっと瞳《ひとみ》を閉《と》じたとき、その石像《せきぞう》のとなりには、じっちゃんの姿《すがた》が映《うつ》っているにちがいありません。

目の見えない犬
ダン
と
じっちゃん

〝ふたり〟にとって「最高《さいこう》の日《ひ》」

除幕式《じょまくしき》と集会《しゅうかい》が終《お》わり、吉藤団地《よしふじだんち》に戻《もど》ってきたじっちゃんは、さっそくダンのもとに立《た》ちよりました。

「ダンよ〜〜」

ダンが犬小屋《いぬごや》から出《で》てきました。

じっちゃんは、いつものように、犬小屋《いぬごや》のそばに置《お》いたイスに座《すわ》り、古《ふる》くからの友人《ゆうじん》に語《かた》りかけるみたいに、ダンへ話《はな》しはじめました。

「ダンよ。今《いま》、帰《かえ》ったぞ。おまえの石像《せきぞう》は立派《りっぱ》なものじゃったよ。それと、おまえのみなさんに対《たい》する感謝《かんしゃ》の気持《きも》ちは、ワシが伝《つた》えてきたからな」

ダンは、じっちゃんの言葉《ことば》を聞《き》いているのか、いないのか、静《しず》かにしているだけです。

「それにしても、ダン。ワシはつくづく思《おも》ったよ。おまえは、なぜ、ワシの前《まえ》に現《あらわ》れたんじゃろうってな。そして、なんで、おまえの話《はなし》がこんなふうに広《ひろ》がっていったのかのぉってな」

（……）

「多《おお》くの人《ひと》は、目《め》の見《み》えないおまえを哀《あわ》れんで応援《おうえん》してくれているのではない気《き》がする。現代《げんだい》の人間《にんげん》が忘《わす》れてしまいかけている〈やさしさ〉を必要《ひつよう》としていたのかもしれんのぉ」

（……）

「名犬《めいけん》として、その名前《なまえ》が残《のこ》って、銅像《どうぞう》や石像《せきぞう》になっておるのは、ほとんどが人間《にんげん》のために尽《つ》くした犬《いぬ》じゃ。おまえは、まったく、その反対《はんたい》でのぉ。人間《にんげん》に尽《つ》くされた犬《いぬ》が石像《せきぞう》になったのは、おまえが初《はじ》めてじゃなかろうか。石像《せきぞう》や銅像《どうぞう》になる人間《にんげん》なんて、ほんの一握《ひとにぎ》りの人《ひと》たちじゃ。まして捨《す》て犬《いぬ》が石像《せきぞう》になるなんて……」

（……）

「今日《きょう》は、ワシの生涯《しょうがい》を通《つう》じて、いちばんうれしい〝最高《さいこう》の日《ひ》〟じゃったわいのぉ。おまえにとってもそうじゃろ？」

（……）

「ワシは、今日《きょう》のこの日《ひ》のために、戦争《せんそう》に行《い》ったり、難儀《なんぎ》して生《い》きてきたりしたのじゃなかろうかと思《おも》えるわい。今日《きょう》の集会《しゅうかい》のとき、壇上《だんじょう》では感極《かんきわ》まるという言葉《ことば》があるように、言葉《ことば》が出《で》てこんかったわのぉ。物言《ものい》うたら涙《なみだ》が出《で》そうでのぉ」

（……）

「おまえと会《あ》えたのは、天《てん》からのごほうびだったのかもしれん。それにしても、おまえがこの団地《だんち》にやってきてから、十二年以上《じゅうにねんいじょう》もたったという実感《じっかん》はないのぉ。

昨日《きのう》、やってきたようじゃ」

（……）

「それでも、それだけの歳月《さいげつ》がながれたんじゃなぁ。おまえが拾《ひろ》われた小川《おがわ》は、今《いま》ではふたがされて、草《くさ》がボーボー茂《しげ》っていた川沿《かわぞ》いは整備《せいび》されて、当時《とうじ》の面影《おもかげ》はありゃせんもんなぁ」

（……）

「そういえば、いつか子《こ》どもたちが、おまえを捨《す》てた人《ひと》をさがそうとしたことがあったんじゃ。わざわざ子犬《こいぬ》を自動車《じどうしゃ》に乗《の》せてきて、捨《す》てるものでもないわいのぉ。だから、このあたりの人《ひと》ではなかろうかと考《かんが》え、おまえのお母《かあ》さんの飼《か》い主《ぬし》を見《み》つけ出《だ》そうとしたんじゃ。ワシは、子《こ》どもたちに『今《いま》さら、ダンを捨《す》てた人《ひと》を探《さが》し出《だ》しても、どうなるものでもない。ダンはダンボール箱《ばこ》の中《なか》に、突然《とつぜん》、生《う》まれたものなり。宝物《たからもの》を拾《ひろ》ったと思《おも》いなさい。捨《す》てた人《ひと》をさがそうなんて考《かんが》えなさんな』と言《い》うたことがあったわい」

（……）

「ダン。おまえと出会《であ》ってから、ほんとうにいろいろなことがあったのぉ。おまえが、ワシの目《め》の前《まえ》に現《あらわ》れたとき、子《こ》どもたちには、ほんとうに鋭《するど》いところをつかれたわい。『目《め》の見《み》えない人《ひと》は、盲導犬《もうどうけん》のお世話《せわ》になるのに、目《め》の見《み》えない犬《いぬ》は捨《す》てられるの？』とはのぉ。子《こ》どもたちの発想《はっそう》や見《み》つめるまなざしは、大人《おとな》たちが忘《わす》れてしまったり、見《み》えなくなってしまったりしたものをハッと思《おも》い出《だ》させてくれるわい」

相変《あいか》わらず、ダンはほえることも、なくこともなく、静《しず》かにじっちゃんと向《む》き合《あ》っているだけです。

（……）

「ダンよ！　おまえとワシ、これから、どちらが長生《ながい》きできるか、競争《きょうそう》じゃわい」

じっちゃんは「よっこらしょ」と立《た》ち上《あ》がると、柵《さく》の中《なか》から出《で》ていきました。

晴《は》れわたった空《そら》の下《した》、吉藤団地《よしふじだんち》の階段《かいだん》を、ひとりのおじいさんが、ゆっくりと上《あ》がっていきました――。

おわりに

いかがでしたか？　一匹《いっぴき》の捨《す》て犬《いぬ》がモニュメントになった物語《ものがたり》……。

平成十八年二月《へいせいじゅうはちねんにがつ》、ぼくは、坂本義一《さかもとよしかず》さんがくらす吉藤団地《よしふじだんち》を訪《たず》ねました。そのとき、ダンの犬《いぬ》小屋《ごや》の柵《さく》には、若《わか》かったころのダンの姿《すがた》が映《うつ》されたカレンダーが貼《は》られていました。その写真《しゃしん》は、五年前《ごねんまえ》ぼくが初《はじ》めて吉藤団地《よしふじだんち》を訪《たず》ねたときに撮《と》ったものでした。その写真《しゃしん》の中《なか》のダンと目《め》の前《まえ》のダンを見比《みくら》べながら、五年《ごねん》というけして短《みじか》くはない歳月《さいげつ》が流《なが》れ去《さ》ったことを感《かん》じていました。あの凛々《りり》しかったころと比《くら》べると、たしかにダンはずいぶんと歳《とし》をとってしまったのだなぁ、と。

そして、この『愛《あい》された団地犬《だんちけん》ダン』を書《か》くにあたって、ぼくは心《こころ》の中《なか》でダンに話《はな》しかけていました。人《ひと》を助《たす》けたわけでもない、二十畳《にじゅうじょう》ほどのスペースから一歩《いっぽ》たりとも出《で》たことのないおまえの話《はなし》を、どうやって本《ほん》にまとめようか、と。けれども、こうして『愛《あい》された団地犬《だんちけん》ダン』の原《げん》稿《こう》を書《か》き終《お》えてみると、「人《ひと》に助《たす》けられた犬《いぬ》」「二十畳《にじゅうじょう》ほどのスペースから外《そと》に出《で》たことのない犬《いぬ》」だからこそ物語《ものがたり》として描《えが》くことができたのだと思《おも》っています。

本書《ほんしょ》は、坂本《さかもと》さんはじめ多《おお》くの方々《かたがた》のご協力《きょうりょく》により完成《かんせい》いたしました。今回《こんかい》、松山《まつやま》でお会《あ》いして話《はなし》を聞《き》かせていただいた方々《かたがた》の言葉《ことば》は、どれもみな「温《あたた》かさ」や「やさしさ」に満《み》ちていました。たとえば、松山市内《まつやましない》を走《はし》る路面電車《ろめんでんしゃ》に揺《ゆ》られながら会《あ》いに行《い》った、吉田博子先生《よしだひろこせんせい》と松坂純子《まつざかじゅんこ》先生《せんせい》が、次《つぎ》のようにおっしゃっていました。

「ダンの物語《ものがたり》は、ひいては坂本《さかもと》さんのご人徳《じんとく》が生《う》んだ産物《さんぶつ》だったかもしれませんね」（吉田先生《よしだせんせい》）。

「坂本《さかもと》さんは、戦争《せんそう》にも行《い》かれたりしています。きっと、いろいろな体験《たいけん》をしながら、いつの時《じ》代《だい》も、その一瞬《いっしゅん》、一瞬《いっしゅん》、周《まわ》りを懸命《けんめい》に照《て》らしながら生《い》きてこられた方《かた》だと思《おも》うんです」（松坂先生《まつざかせんせい》）。

ほんとうに、気持《きも》ちのこもった心《こころ》からの言葉《ことば》だと思《おも》いました。そんなみなさんの言葉《ことば》の群《む》れから生《う》まれたのが、この『愛《あい》された団地犬《だんちけん》ダン』です。

ぼくがくらしているのは、この物語《ものがたり》の舞台《ぶたい》となった松山《まつやま》から遠《とお》く離《はな》れた東京《とうきょう》です。その東京《とうきょう》で、そっと松山《まつやま》のほうに気持《きも》ちを飛《と》ばし、坂本《さかもと》さんとダンのことを思《おも》い出《だ》すことがあります。すると、なんとも、やわらかな気分《きぶん》に包《つつ》まれてきます。そんな坂本《さかもと》さんと、団地犬《だんちけん》ダンの物語《ものがたり》を書《か》かせていただけたことは、とても幸運《こううん》なことでした。

「人間《にんげん》を助《たす》けるために大活躍《だいかつやく》する犬《いぬ》」も立派《りっぱ》ですが、ぼくは人々《ひとびと》の何気《なにげ》ない日常《にちじょう》のなかに、ある日《ひ》、捨《す》て犬《いぬ》が現《あらわ》れて、実際《じっさい》におりなす物語《ものがたり》が大好《だいす》きです。ぼくにとっては、その代表《だいひょう》が「坂本《さかもと》さんとダン」のような気《き》がしています。

四年前《よねんまえ》に書《か》かせていただいた『救《すく》われた団地犬《だんちけん》ダン』の「あとがき」に、ぼくはこんなことを記《しる》しました。

《「犬《いぬ》は飼《か》い主《ぬし》に似《に》る」といいますが、「犬《いぬ》は似《に》たような飼《か》い主《ぬし》に出会《であ》う」というのが、ぼくの考《かんが》えだからです》――この想《おも》いは、今《いま》でも変《か》わりません。ダンは坂本《さかもと》さんと出会《であ》ったから、坂本《さかもと》さんはダンとめぐり会《あ》ったから、互《たが》いに幸《しあわ》せになれたのだと思《おも》っています。

坂本《さかもと》さん、いつも東京《とうきょう》からの取材者《しゅざいしゃ》を笑顔《えがお》で迎《むか》えてくれて、ほんとうにありがとうございました。せめてものお礼《れい》として、本《ほん》の中《なか》で、ダンのモニュメントと並《なら》んでいる坂本《さかもと》さんの姿《すがた》を盛《も》りこませていただきました。気《き》に入《い》ってくれましたか？

また、この本《ほん》を書《か》くために、松山《まつやま》でお会《あ》いした方々《かたがた》に、この場《ば》を借《か》りて感謝《かんしゃ》の意《い》を述《の》べておきます。ほんとうに、ありがとうございました。

四国《しこく》の歴史《れきし》ある城下町《じょうかまち》・松山《まつやま》を舞台《ぶたい》に繰《く》り広《ひろ》げられた「目《め》の見《み》えない犬《いぬ》ダン」と周囲《しゅうい》の人《ひと》たちの物語《ものがたり》を『愛《あい》された団地犬《だんちけん》ダン』として世《よ》に送《おく》り出《だ》してくれたハート出版《しゅっぱん》の日高裕明社長《ひだかひろあきしゃちょう》、藤川《ふじかわ》すすむ編集長《へんしゅうちょう》、西山世司彦《にしやまよしひこ》さん、社員《しゃいん》のみなさん、そして画家《がか》の平林《ひらばやし》いずみさんにお礼申《れいもう》し上《あ》げます。

この本《ほん》を書《か》き上《あ》げた今《いま》、「ダンの物語《ものがたり》」とはなんだったのだろうか、と考《かんが》えています。その答《こた》えは、はっきりとわかりません。けれども、吉田先生《よしだせんせい》、松坂先生《まつざかせんせい》、おふたりの言葉《ことば》をお借《か》りしながら、ぼんやりと思《おも》っています。

「ダンの物語《ものがたり》」とは「いつの時代《じだい》も人々《ひとびと》を照《て》らしつづけてきた坂本《さかもと》さんの人徳《じんとく》が生《う》んだ産物《さんぶつ》」であったのではないだろうか、と。

平成十八年五月《へいせいじゅうはちねんごがつ》　関《せき》　朝之《ともゆき》

〈お断《ことわ》り〉本文中《ほんぶんちゅう》の場面《ばめん》は事実《じじつ》に基《もと》づいて描《えが》きましたが、物語《ものがたり》の構成上《こうせいじょう》、作者《さくしゃ》が創作《そうさく》したシーン・セリフもあることをご了解《りょうかい》ください。また、基本的《きほんてき》に、犬《いぬ》には「合《あ》う」を用《もち》いますが、本書《ほんしょ》では「会《あ》う」を使用《しよう》させていただきました。

【取材協力】坂本義一《さかもとよしかず》さん／吉田博子《よしだひろこ》さん／松坂純子《まつざかじゅんこ》さん／吉沢直樹《よしざわなおき》さん／上村優《うえむらすぐる》さん／岡直義《おかなおよし》さん／松山市立潮見小学校関係者《まつやましりつしおみしょうがっこうかんけいしゃ》のみなさん

【主な参考文献】「ふるさと しおみ」松山市立潮見小学校《まつやましりつしおみしょうがっこう》

●作者紹介　関 朝之（せきともゆき）

1965年、東京都生まれ。城西大学経済学部経済学科、日本ジャーナリストセンター卒。仏教大学社会学部福祉学科中退。スポーツ・インストラクター、バーテンダーなどを経てノンフィクション・ライターとなる。医療・労働・動物・農業・旅などの取材テーマに取り組み、同時代を生きる人たちの人生模様を書きつづけている。2006年、「声をなくした『紙芝居やさん』への贈りもの」で「第1回子どものための感動ノンフィクション大賞」優良作品賞受賞。

著書に『瞬間接着剤で目をふさがれた犬 純平』『救われた団地犬ダン』『高野山の案内犬ゴン』『のら犬ゲンの首輪をはずして！』『学校犬マリリンに会いたい』『植村直己と氷原の犬アンナ』（以上ハート出版）『歓喜の街にスコールが降る』（現代旅行研究所）『たとえば旅の文学はこんなふうにして書く』（同文書院）『10人のノンフィクション術』『きみからの贈りもの』（青弓社）『出会いと別れとヒトとイヌ』（誠文堂新光社）など。

●画家紹介　平林 いずみ（ひらばやし　いずみ）

1975年、長野県生まれ。懐かしさや素朴さをテーマに、人物の表情や情景を生かしたノスタルジックな作風の絵画・イラストを描く。ギャラリー、美術館などで個展を開催する他、雑誌・書籍等でイラストを制作。99年講談社アート・コンテスト児童図書出版賞受賞。イラスト掲載作品は、『ほたる先生と「とべないホタル」たち』『のら犬ゲンの首輪をはずして！』（以上ハート出版）『うたいつぎたい名作どうようえほん』（講談社)、『その瞬間の言葉が子どもを変える』（PHP研究所）他、多数。

愛された団地犬ダン

平成18年7月7日　第1刷発行

ISBN4-89295-537-X C8093

発行者　日高裕明
発行所　ハート出版

〒171-0014
東京都豊島区池袋3-9-23
TEL・03-3590-6077 FAX・03-3590-6078
ハート出版ホームページ　http://www.810.co.jp/

印刷：中央精版印刷

★乱丁、落丁はお取り替えします。その他お気づきの点がございましたら、お知らせ下さい。

編集担当／西山